目次

農で起業する!

脱サラ農業のススメ

ラクラク農業7箇条

1　大金は狙わず、ゆとりを愛せ
2　効率のよい経営をめざす
3　借金はしない（自己資本比率一〇〇%にこだわる）
4　暇でも余計な作物は作らない
5　他人のマネはしない
6　ビジネスとしての農業と趣味の農業をはっきりわける
7　経営改善を工夫する時間をたっぷり作る

〈補足〉

1は「食って行ければよい」という堅実な農業はけっして失敗しない、というシンプルな考えによる。3はとくに大切。農協の営農口座や一時借り越し契約は絶対にしないこと。生活費を借金に頼るようになると蟻地獄。農協の経営が金融で成り立っているというのは、本末転倒。5、あの作物が儲かるとうわさが立つと、寄って集ってマーケットを荒らしてしまうケースがある。その結果農家の敵は農家になってしまっている。6、趣味の農業は確かに楽しいが、その趣味が本業を圧迫する場合が多い。7、本書を読めば、経営改善のネタは無限にあり、他人の真似でない個性的な経営がワクワクする楽しさをもたらすことがわかるだろう。

創意工夫が「楽しい農業」の生き甲斐をもたらす。

農業は本当に3K「きつい・汚い・危険」なのか？

農業の世界は３Ｋの代表選手だとよく言われる。「きつい・汚い・危険」というイメージがある。

しかし、実際に農の世界に入ってみると全然違う。

どの業種でもリストラにおびえながら、一生懸命働かなくてはならず、大変だ。それに比べ、私のやっている農業のほうがよっぽど楽だなと思う。

農業には**リストラはまったくない**！

借金のつけは最後は国がちゃんと背負ってくれるとみな思っている。

この農業という業界は入ってみるとじつは宝の山！

もうその辺に金銀財宝がごろごろ転がっていてザックザック。誰もそのお宝を拾わない。そういう世界だ。

私は長い間、サラリーマンをしてきたが、百姓は現在の日本では**一番ストレスの少ない職業**だと思える。

たとえば「きつい」と言うが、それは肉体面だけで、それとても五〇年前はいざ知らず、いまはトラクター、除草機、管理機、定植機、動力噴霧器など機械化されていて**力仕事はほとんどない**。おそらく都会のサラリーマンの朝の通勤ラッシュの方がよほど体力がいる。

精神面でのストレスもほとんどゼロ。百姓で胃に穴をあけて死んだという話など聞いたこともない。

「汚い」も「危険」もやり方次第でキレイにも快適にもなる。

そのやり方、つまり**農業から宝モノを引き出すやり方**をあますところなく書いたのが、本書である。

百姓になって、働きたいとき働き、休みたいとき休み、本当に自由に生きている！　周りの自然を有効に生かして遊ぶ素晴らしさ。夏は仕事を中断して近くの川で泳ぎ、汗を洗い流す。昼の暑いときには家で昼寝のぜいたくをし、夕方、家の庭で星をながめながらバーベキューをする。雨の日は読書や録りためたビデオを楽しみ、晴れた農休日には近くの山を歩いて自然の幸を採る。

農作業が忙しいときでも、たとえばニンジンの収穫やキャベツの収穫など丹精した作物を収穫する喜びは一〇〇%自分たちのものだ。私たちは観光ぶどう園もしているので収穫期には毎年ぶどう狩りに来てくれる友人たちとのたくさんの出会いの喜びが加わる。

このように楽しめる農業ができる理由は**自分たちの時間の使い方、働き方すべてを自分たちで決めている**からである。

朝満員電車で押し合いへし合い、足を踏まれながらネクタイをして汗だくで出勤し、そのまま夜の接待、一日中上司や部下や他部門やお客様にペコペコして気を使い、自分の自由時間も昼寝の時間も取れず、コンピューターに使われる生活。

家内とよく話すが、お互いにこの天国を経験してしまったら、あの生活には二度とふたたび戻れないなーと。

私は脱サラし、専業農家になった。

この専業というのが大切だ。先輩農家の多くは今や3K（きつい、汚い、危険?）という自己暗示にかかってしまって「**快適、かっこいい、金が儲かる**」**農業**ができるということを知らないまま、自分に農業からの逃げ道を与えて、つらいアルバイトに精出し、農業の楽しさを忘れてしまっている。

では、どうやって百姓になるか？　楽しい農業を実現するにはどうしたらよいのか？

まずはプロローグをざぁと読んで欲しい。

いかにして私が農業の世界に入り、「週休4日のラクラク農業」を実現していったのか、ストーリー仕立てで書いてある。

たとえば、営農計画の立て方（コンピューターシミュレーションで、作物ごとに面積、収入、経費、月別労働時間などを求め、就農前に生活のメドはつける）。私は無借金でスタートしたが、いまは無利子で有利な制度資金がいろいろあるから有効活用した方がよい。土地は買っても買わなくても百姓にはなれる。その土地に落ちついてから買い足していく方が間違いがない。予算管理ができていれば平和に百姓ができる。

そういった**就農についてのすべて**がわかるように書いた。

初めの二年は夫婦二人で六〇〇〇時間の農作業をし、生活費を含め一年目は赤字、二年目はトントン、三年目から黒字に転じ税金も少し払った。四年目から目標を生産性から収益性の向上に変え、労働時間短縮の目標を加える。就農五年目で、総労働時間は私のコンピューターでは四五〇〇時間ぐらいになる。労働時間短縮五年計画の最終年度には**二人で三〇〇〇時間、週休四日**を達成した。

脱サラ百姓が有利なのは、予算管理や計画管理などに、すでにサラリーマン生活のなかで研修済みの能力を農業に活用できることだ。

サラリーマンをやっていた人なら農業はおもしろい！

1章からは、そうした**ビジネス的センス**を農業に生かせるよう、より具体的なノウハウを公開している。

2章は、理想と現実のはざまで試行錯誤した農業経営の一過程をさまざまな例を引いて表現した。私も有機農業を含めさまざまな**失敗を積み上げ**、挑戦を繰り返してきた。ここは現場の農家の方にも読んでいただきたい。

3章では、農業で田舎生活を実現すると、工夫次第でこんなに楽しいライフスタイルができるということで、**私のライフスタイルを公開**した。その一方でそれを実現するには自分にもそれなりの厳しい考えや生活を課す必要もある。なんとなくボーッとしていても楽しい生活が実現するわけではない。

生活や経営を改善するためにいろいろな課題に果敢に挑戦し、失敗を繰り返し、学習し、改めるということを繰り返して達成する。そんな一面もあるからだ。

本書がこれから就農しようとする方、現役の農家のみなさまの参考になれば幸いです。

プロローグ　脱サラ百姓のススメ

いまや、農業が天職だったと思えるくらい専業農家の生活を楽しんでいるが、以前は農業をやろうとは夢にも思わなかった。

読んでいただければわかるように、行き当たりばったりでも「就農」はできる。就農したら、今度は綿密なシミュレーションで農業を「経営」していこう。

私の場合、サラリーマン時代のビジネススキルを農業に取り入れることで、週休四日、夫婦二人で年間総労働三〇〇〇時間を達成し、悠々自適の百姓ライフを実現した。

サラリーマン生活がないという人にも、「ビジネスとはなんぞや」を学んでいただきたいので、サラリーマン時代にもふれながら、順を追って「私の就農物語」を述べている。本章の最後には、「ビジネス感覚をつかむための必須用語解説」を掲載した。わからないビジネス用語があったらここを見ていただきたい。

本章は、これから就農しようとする方にとっては、参考になるだけでなく、就農への大きな励みにもなると思う。

1　ストレスで胃に穴があく前に転職を考える

紆余曲折のサラリーマン人生から農業へ

私は農家出身ではない。

最初に入った会社はO電気という通信機の会社で、その研究所で一二年間くらい仕事をした。幸い自分が開発したものが商品になって、たくさん売ることができたが、それが、徐々に半導体に置き換わってしまい、ある日突然「もういらない、明日から半導体にしよう」となった。私も生き残っていくためには半導体をやろうと思ったが、どうせなら新しく日本で半導体を始めるところがいいなと、日本の会社と米国の会社が合弁で半導体を始めるという外資系の企業に入った。

しかし、先の見通しが悪かった。オイルショックがきて、これから工場を建設するというときに、工場建設がポシャッて失業という状態になったのだ。そのときに、やむを得ないから営業に転じた。技術畑でずっときたのに……。

いざ、営業をやってみると、私は営業に向いていた。この**営業経験が後の農業に役立つ**ことになる。それまでは研究者が天職だと思っていたのに、今度は営業が天職だと思えてきた（いまは百姓が天職だと思っているけど）。

会社の売上がそのころ二〇億円。まだまだ小さい会社だった。ところが、私が営業に参加したら、ぐんぐん売上が伸びる。私が会社を辞めるときには日本の営業部隊全部指揮して、三六〇億円売っていた。つまり十何年で二〇億から三六〇億までにしてきた。このときは二五〇人の営業の部隊を率いていた。二五〇人といっても全員営業ではなくて、広報宣伝やマーケティング関連の部門も全部含めてなのだが、三六〇億、二五〇人で売っていたのだ。

胃に穴があくか、ガンになるかのストレス生活

予算は二五億円。この予算をもらって二五〇人のスタッフで三六〇億売り上げる。米国の会社だから五年先までのビジネスプランをキチッと書かなければならない。五年先の世の中がどうなって、どういう製品の需要がどういうふうに変化して、それを大手の会社、

日本だったらNEC、富士通、日立それから外資系何社かがどういうふうに、そのパイを分けるかというビジネスプランを作るのだ。五年先までキチッと見えてなければいけない。そしてそのなかで自分はどういう製品をどういうふうに売っていくか、そのために営業所展開をこうして、人員をこう配置してというところまで計画するのだ。それで、「あいつは口からでまかせではないな。やりそうだな」と信用してもらったときに初めて二五億円もらえるわけだ。一年やってみて、五年計画と比べて結果が悪ければ、「**ご苦労様でした。次の人がやりますから**」と、すぐなる会社だった。これが外資系ビジネスだ。

私が会社に入ったときに上の上の部長だった人は、五年後には私の部下で係長。一〇年後には平だった。そういう会社だから、要するに実績が上がらなければ給料も下がる。ポジションも下がる。それはもう即行だ。若いうちはこれからの可能性・ポテンシャルで給料が決まる。中堅、係長クラスになると実際に言ったとおりの売上を上げたかどうかで給料が決まる。私が辞めるころには私の給料の八〇%はどれだけのストレスに耐えているかで支払われていた。そのときはもう実績ではなかった。要するに会社とマーケットやお客様との板挟みになって締め上げられる。それに耐えられなければすぐに胃に穴をあけるか、**癌かなにかでポコッと死ぬ**か、ほとんどそういう状況で、売上はグングン上がったのだが、自問自答することがだんだん多くなった。

売上を上げるとはどういうことか？

サラリーマンをされてた方ならおわかりかと思うが、市場の大きさが決まっているのだから、競争相手を蹴落とすか、新しい需要を発掘するかのどっちかしかない。一般的に好ましいと思われるのは、新しい需要を発掘する方だろう。価格競争に持ち込んだりするよりも、新しい需要を発掘すれば、自分で値段がつけられる。どちらかというとその方がいい。けれども、実際にやってみると、新しい需要を発掘するというのは、すでに満足している人に**満足は勘違いだと思わせる仕事**なのだ。たとえば立派なパソコンを持って快適に使っている人に、「あんた時代遅れだ。もう最近のパソコンはこうだよ」と言って新しいモデルを出すわけだ。すると半年前に買ったばかりのものをその人はボーンとゴミ籠に捨てて新しいパソコンを買わなければならない。ワープロなんかだったら一年間に一〇回くらいモデルチェンジをしている。だから、世の中は「作ったら捨て、作ったら捨て」している。

私が頑張って売上を上げれば上げるほど、どうやら日本中のゴミ屑を山のようにして、石油をどんどん浪費する、ということになるんだなと思った。これって地球に優しくないなと売上が上がるほど思った。しかも人間も使い捨て。要するにものすごく胃に穴があきそうな仕事をして、ちょっと結果が悪ければすぐ格下げとかどっかに飛ばされて、いままでずっと部下だったのがすぐ上司になっちゃうという世界だった。**資源も使い捨て。人間も使い捨て。**

自分の人生を一回、地球に優しい形でやってそれから死にたいな。死ぬ前に自分の人生を自分のものに取り返そうと決心した。

農業を選んだわけ

そんなときにジェレミー・リフキンが書いた『エントロピーの法則』(祥伝社)という本に出会った。東京大学の竹内均先生が翻訳なさっているが、このエントロピーの法則によると、人間が進歩だ進歩だと考えていることは、みなさんの勘違いだ、進歩だと思っていることのほとんどは退歩しているんだという。

たくさん例を挙げているのだが、ひとつ自動車の例を挙げよう。

人間は自動車に乗って高速に移動することができるようになった。これはものすごい進歩みたいだけど、それは勘違いですよ。あなたは車を買うために何時間働いていますか。車検代、保険料を払うために、燃料を買うためにものすごい時間、何百時間も何千時間も働いた結果、車に乗ってちょこっと移動しているだけだ。アフリカのサン人などはあそこに行きたいと思った瞬間に歩き出すという。みなさんは車を買うために何千時間か働いてから移動する。実際にはみなさんの方が遅いよと言っている。しかもエネルギーを浪費している。これが進歩ですかというわけだ。みなさんが頑張れば頑張るほど地球は壊れますよと言っているのだ。私は**地球を壊さない**のは、じゃあ百姓かなと思った。

2　サクッと就農する

就農希望者にまず聞くこと

さて、ここからは少し具体的なことを書いていこう。

就農したいと言って私に話を聞きに来る就農希望者に、私がまず最初に聞くことは「協力して苦楽をともにしてくれる伴侶がいますか？」ということ。これは大切だ。

成功するか否かの八〇％がここにかかっている。

三〇％の方は奥様の同意を得られぬままフライングで来る。一〇％の方は奥様が「アナタ勝手にやりなさいよ！　私見ているわ！」という黙認非協力型。四〇％は独身で協力者未定の甘いタイプで、二〇％が結婚の形を取っているか否かを問わず二人で協力してチャレンジしたい方々。この協力型は適切なアドバイスをしてあげれば**必ず成功する**。

しかし、最近、右記以外の方も増えている。ご婦人がひとりで訪ねてくるケースだ。世の男性が軟弱で頼りなくなったからだろうか？　若いチャーミングなご婦人で、農業大学校を卒業していまはピーマン農家の手伝いをしている方もいた。考え方も技術もしっかりしていてぜひ成功させてあげたいと思う。彼女のような協力者なしのシングルトンに「頑張れ！」と励ますことも増えてきている。

田舎に行けば家も土地もタダで手に入る？

さて、私が百姓になろうかなと思って調査をしている最中に、テレビで宮崎県の話が出てきた。寒川という山の中の地区があるのだが、その地区の住民、みな家の周りで家庭菜園などをやって、山で採れたものや家庭菜園のものを料理して、夜な夜な集まって食べながら焼酎を飲んで平和に暮らしていた。

でも、市から見るとこの地区はほとんど税収がない。それなのに山をくねる道が雨のたびに、台風のたびに崩れる。道路の修理代がそのたびに何億円もかかってたまらん。あの人たちがもし全員町に引っ越してくれたら、毎年かかる何億円もの道路補修費がいらなくなる。全員に新しい家を建ててプレゼントしてもそのほうが元は取れると考えた。そこで、「みなさんこっちへ引っ越してください。新品のピカピカの立派な近代的な家を造ってプレゼントするから」と言って移住を推奨したのだ。その代わり、新しい家をもらった方は元の家にもう二度と住まないと約束する。どうやってそれを証明するかというと、いま使っている家の流し台の写真を撮る。今度はそれを壊した写真を撮る。この二枚の写真を見ると、「もうこの家には住めないな。じゃ新しい家をあげよう」と市が約束したのだ。テレビのなかで、おじいちゃん、おばあちゃんが、先祖代々使い込んできた手垢の着いた流し台を涙をポロポロ流しながらハンマーでコツンコツンと壊していた。まだバブルが弾ける前で、都市部では土地は大変貴重だった。しかし、あそこへ行けば土地も家も農機具も畑も全部タダであるとわかったのだ。

すぐ一〇四に電話。東京の宮崎県の出張所の電話番号をきく。で、電話をかけて「すみません宮崎県の出張所ですか、私百姓になりたいんです。農地と農機具と住まいを居抜き(設備などはそのままの状態)で売ってくれるところを紹介してくれませんか。もしなければ西都市の寒川はどうでしょう」と言おうと思って、電話した。

電話しながら思った。これっていい方法だな。別に宮崎県でなくてもいいだろう。日本中の**県の出張所に電話すれば**きっと下手な鉄砲も数打ちゃ当たるでいいところがあるにちがいないと思った。しかし、宮崎県の出張所の方が「宮崎県を選んでくださってありがとうございます」と開口一番言う。これには参った。二股、三股をかけてやろうかと思ったけれども、宮崎県を選んでくださってありがとうございましたと言われた瞬間に、宮崎しかないかと思ってしまった。

二〜三日待っていたらその方から電話があり、「杉山さん、申し訳ないけど県庁の農林水産課の課長が具体的に杉山さんの要求に対応しますので、宮崎県まで一回ご足労願えませんか」と言ってきた。わかりましたと言ってすぐ、私はそのとき乗っていたディーゼルのハイエースのワンボックスカーに、コンロと鍋とボンカレーを積んで宮崎県まで走り出した。

結論が出たら早い。これからお百姓さんになるわけだから資本を大事にしなければいけないのでムダに使えない。飛行機で行くとか有料道路で行くとかはまったく考えなかった。全部一般道路。これからの人生時間はあるわけだから。金はない。時間はある。だから、一般道路で行く。有料道路通行料一〇〇〇円とあったら、わき道教えてもらってわき道を行く。そうやって行くと宮崎県まで片道七〇〇〇円で行けた。ディーゼルの燃料代だけだから。ラッシュアワーになったら道の横に停めてカレーを煮て食べて、仮眠。そうやって五〇時間で大淀川の川原の駐車場まで来て、朝八時三〇分に県庁に着いたのだ。

何を作るか考えないでお百姓さんになると決めてしまった

担当課長のところへ行って「百姓になりたいんで農地と農機具と住まい居抜きで売ってくれるところを紹介してください」とお願いした。県庁の方も「わかりました。で、杉山さんは何を作るんですか」と言う。「米ですか花ですか野菜ですか果樹ですか」と言うのだ。ショックだった。

私は、百姓になろうと決めていたけれど何を作ろうかと考えたことなどなかったのだ。その段階で私は百姓になると決めてたけれど、それはエコロジストになるという意味で、何を作ろうかとは考えたこともなかった。百姓がどういう仕事かも知らない。これは農地と農機具と住まいの前に**百姓の先生が必要**だなと思った。

で、県庁の課長に「まずは百姓の先生を最初に紹介してくれませんか」と頼んだ。県庁の人はそういうのに慣れているようで「わかりました。今夜お百姓さんの先生を呼んで飲み屋で一杯やりながら語ろうや」と、机の下から足で焼酎ビン引っ張り出して言う。「申し訳ないけどこの道をズーと行くと、綾町というところがあるからそこで半日暇を潰してきてくれないか。夜、そこの飲み屋で会いましょう」とその課長に言われて、綾町に行くことになった。

何を我慢する？

車を転がして綾町に入り、道端のお百姓さんに「じつは百姓になりたくて来たんですよ」と言ったら、その人に「だったらここで百姓になれ、よそに行ったらダメだ」と言われた。それで綾町になっちゃった。私は、単純というか意思決定が早いというか、そういう性格なのだ。「農協長を紹介してやるから、**農協長の世話になって**ここで百姓になれ、よそに行くな」とも言われた。その日はとりあえず約束していた飲み屋に行くと、メロンを作っておられる農家の方が来てくださって、その方がいろいろとメロン栽培に関する資金のこと、施設のこと、肥料代がどのくらい、労働時間がどのくらい、販売にどんな問題があるか全部教えてくれた。その次の朝、その方のハウスにも行って現場で作物や施設を見ながら教えてもらうということになった。

そのお百姓さんの圃場でいろいろ聞いてもいまひとつ理解はできなかったのだが、さすがお百姓さんの先生。もっとも重要な点を突いてきた。

「杉山さん、あなたはまだ何を作るか決めてないみたいだけれど、心配しなくてもいいよ。**三反歩のハウスがあれば何を作っても一〇〇〇万になる**」と言うのだ。

「もしあなたがトマトみたいな作物を選べば、その日のうちに色がつき始めたら、何がなんでも全部収穫して選果して箱詰めして市場にもっていく。これを毎日続けなければならない。**眠い眠いを我慢して**一〇〇〇万」だと言う。「もしあなたがイチゴを選べば一一月くらいから四月くらいまで毎日腰を屈めて収穫、収穫、収穫、これまた選果して箱詰めして出荷。毎日**腰が痛い、腰が痛いを我慢して**一〇〇〇万」「もしあなたがキュウリみたいなのを選べば四日置きに農薬散布。**農薬怖い、農薬怖いを我慢して**一〇〇〇万」だと言う。何を我慢する？と言われたのだ。

これで私は肩の荷をスーッと降ろした。それまでは俺は百姓になるゾーッと言っていたけれども、本当に妻子を路頭に迷わせないかどうかというところまではわかってなかった。エコロジーだエコロジーだと言っているだけで！　だけど、何か我慢すれば一〇〇〇万だと言われたならば、どんな仕事でも何にも我慢しなくていい産業というのは世の中にはない。何かは我慢しなければならない。自分が何を我慢するか決めさえすれば一〇〇〇万だったら、**これで妻子は路頭に迷わさない**自信がついた。

よしここで百姓をやろう。次は土地だ。さっそく町役場に向った。

人を信用する土壌の助けをかりて

役場の農業委員会に行く。「東京から百姓になりたくて来たんですが、農地と農機具と住まいを居抜きで売ってくれるところを紹介してください」とお願いした。相手はすぐさま、「この人のところへ行ってこい」と、地図付きで紹介してくれた。

で、行ってみると、海の側なのだが無霜地帯で、冬作物が作りやすい。海に行くと牡蠣が取れて食べられるという最高のところだ。四反歩の農地と二反歩の宅地、そこに母屋と納屋と牛小屋と牛の運動場と、持っている農機具が全部ついていて八〇〇万円。いまだったらすぐ買っているだろう。でもそのときは農地の四反歩がサラ地だったことが気になった。「三反歩のハウスがあれば一〇〇〇万」と言われていたが、三反歩のハウスはない。いまだったら夫婦二人で三反歩のハウスくらいひと月であっという間に建てられる。でもそのときはハウスの建て方がわかってなかったから、「うーんいいな、でも食っていけないかもしれない」と思ってしまった。

昨日のおじさんが綾町の農協長を紹介すると言ったから、一回、綾町に行ってから決めたほうがよさそうだなと思い、綾に向かって走った。日が暮れそうになったので、農協長さんに明日の面会予約を取っておこうと思って、綾の農協に電話した。宮崎ではアポイントメントを取らなくても、「いきなり」でもよかったかもしれない。私はまだ国際ビジネスの感覚だから、電話してしまった。出張中だったのだが、家の電話番号も聞くと教えてくれた。宮崎の土地柄は人を信用する。

二人三脚が最高のカップル

考えてみれば出張中で、家にいるわけないのだが電話してしまった。「すみません。農協に電話したら農協長さんが出張中でいらっしゃらなかったので、家に電話をさせてもらいました。じつは私お百姓さんになりたくて東京方面からこちらに来ているんですが、農協長さんの援助がいただきたくて、明日の朝の面会予約を取ろうと思って、突然で失礼ですがお宅に電話をさせていただきました」

奥様が電話に出られて「わかりました。明日朝八時三〇分に農協に行ってください。明日の主人の予定は知りませんが、主人がいてもいなくてもあなたの目的が達成できるようにしておきます」と言う。素晴らしい。「私の主人は私が一〇〇%コントロールしてます」と言っているわけだ。主人がいない場合には「主人の職場は私がコントロールしてます」と言っているのだ。

農家としてやっていくには、「協力して苦楽をともにしてくれる伴侶が必要」だというのはこういう理由もある。やはりこんな素晴らしい女性がいるとそのご主人は偉くなる。きっと御主人も奥様をその気にさせるのがうまい。

次の日、農協に行って「じつは私、もう企業戦士で擦り減らしてポックリ死ぬのは嫌だ。ここへきて百姓になって悠々自適の百姓をやりたい」そういう生意気な言い方をする奴もいないと思うのだが、農業では人が足りなくて困っている。「あーよく来たね。私が全面的に面倒見るから」と言ってくれた。

それで私の就農場所は決まった。

3　営農計画はじっくり立てる

さて、ここまで行き当たりばったりで、ついに土地と家と農具を手に入れた私たち夫婦だが、いざ農業経営を始めるとなれば、ビジネスだ。くわしくは2章でもふれるが、ビジネスの基本は営農にも役立つ。

コンピューターで営農計画立案

私たちが手に入れたのは、ぶどう園が三反四畝のハウス。四反歩の土地に長さが八〇メートル八連棟のハウスが建っていて、三四アールのハウスがある。それと金柑畑が二反歩で耕作農地は六〇アール。これでお百姓さんの要件を満たした。

「セットでこれだけ買いなさい。家も私が世話してあげるから」ということで、ついに引っ越し。その間に、農協が**町内で作っているすべての作物の情報**を送ってくださった。

たとえば、千切り大根だったら圃場準備をどのくらいの時間、何月にして、それに肥料をいくら投入して、種代がいくらで、労働時間は何時間で、販売単価はいくらで、というのが全部出ている情報をもらって、自分のコンピューターに入れて、農業経営のシミュレーションプログラムというものを作った。

農業経営を実地でやる前に簡単にコンピューター上でシミュレーションをしてみたわけだ。その結果、農業経営をしたらどうなるかを机上で確認した。

最初のシミュレーションだと、夫婦二人で年間三五〇〇時間働くと六五〇万円入ってきて、農業の直接経費は一五〇万円、夫婦二人と子どもひとりの生活費は年間二〇〇万円、そうすると毎年三〇〇万円余る。クラウンのベーシックのやつだったら新車が毎年買えるということがわかったわけだ。ちなみに私のこの**就農シミュレーション**（巻末付録）はいままでは宮崎県史現代の本に二ページにわたって掲載されている。農業経営をコンピューターでシミュレーションして始めた人は県の歴史上初めてだったとの評価をいただいた。

なんと純資本回収率が八％というビジネス

このシミュレーションの結果、純資本回収率が八％になるという結果が出た。こんなにいいビジネスはないだろう。投資したお金が毎年八％返ってくるわけだ。いま銀行に預けても〇・何パーセントという時代。

これならいけると自信を持ってお百姓さんになるための予算を組んだのだ。予算は農地の購入費、二年分の生活費、一年分の農業経費、農機具の購入費、予備費、危機管理費と六つの予算を組んだ。

危機管理費を組むところが外資系でマネジメントしていたゆえんじゃないかと思うのだが、日本の会社は危機管理費みたいな予算は組まない。政府でも危機管理という言葉を言い出したのはつい最近のことで、一〇何年か前にはそんなことは言わなかった。

危機管理とは何かというと、私は百姓のことはまだよくわからないわけで、ハウスを持っていて台風がやって来てある日突然潰れるかもしれない。それで人生終わりになるかもしれない。それでは困るので、予測にないことが起こっても、なにクソーッと起き上がってきてまた走り出さなきゃならない。そのためにはちょっぴり資金がいるだろう。というようなことで予算に組んだのだ。

◉台風で押しつぶされた直売所ハウス

＊1993年、就農4年目は最悪の年だった。開園後豪雨が続きぶどうハウス内冠水数回、ぶどうは大量に裂果した。駄目押しは9月3日に襲った風速50mの13号台風で、ハウスは破壊された。危機管理はこうした厳しい自然から生き残る手立てでもある。その厳しい年に生き残れて逆に農業に自信が湧いた。

農機具にはお金をかけない

初期投資というと、みなが「あんたタンマリお金持ってきたんだね」と言うが、そんなことはない。

たとえば農機具の購入費を例に挙げると、最近、就農した人を見ると一〇〇〇万円くらいかける。私はそんなことはしない。お金がないんだから。五〇万円しか予算は組んでいない。五〇万円の予算で買ったのは動力噴霧器と一輪管理機、それぞれ一台だけ。一五万、一五万の三〇万円しか予算を使わなかった。五〇万円の予算で二〇万円余った。

初めは失敗の連続、これが大切

農業研修を一日もすることなく一九九〇年二月に就農して四カ月目、無我夢中で農作業に取り組んでふと自分のしていることを振り返った。なんとムダの多いことか！

朝早くから夜遅くまで必死に取り組んでいる仕事の四分の一は、間違った方法で作業していた。行っている作業の四分の一は作業順序が適正でない。四分の一は経営的にはやらない方がよい仕事をしていた。そのための手直しなどやり直しが、さらに趣味の農業が本業の作物栽培に悪影響を及ぼしているケースが、非常に多いことに気がついた。そのままの状況を放置しておいたら、晴耕雨読の百姓生活の夢は露と消えるかもしれない。

就農四カ月目での問題点を整理してみよう。

1. 何をしなければならないかはほぼわかっている。

(じつはそれもわかっていなかったが、そのときはそう思った)

2. 仕事全体の優先度付けが間違っている。

(その結果、将来起こることを予想できない)

3. ひとつの仕事のなかでも個々の作業をつなぐ最適な作業手順がわからない。
4. どの仕事は大切で、その仕事は二の次なのだから忙しければ切り捨ててしまったほうがよいということがわからない。

という、わかっていると思っているがじつはわからない、わからないことだらけだということがわかった。まるでトンチ問答だが心のなかでは深刻である。

悩みに悩んだあげく、問題解決のために手を打った。少ない営農予算のなかから四人分の夕食代を捻出し、レストランを予約して農協の技術者二人に来てもらい悩みを打ち明けた。「仕事の優先度がわからない。作業の最適手順がわからない。そのためにムダが多い。その点だけ指導してくれるコンサルタントを雇いたい。誰か紹介してください」と頼み込んだ。

しかし、二人の技術者は「そんなことは心配しなくても大丈夫だー！　アッハッハッハー！」と笑い飛ばして帰ってしまった。食い逃げである。が、いまにして思えば、食い逃げは正解だった。そのために二年間は苦労したが、もしそのときコンサルタントを雇っていたら、たくさんの間違いから最適の作業手順を学習し、仕事の優先度を判断し、間違いを犯したとき起こる結果を目の当たりにする貴重な学習機会を永久に失って百姓で成功できなかったと思われる。

先生が多すぎる、不安でも人選は絞るべし

前の仕事を辞めたのは一九八九年秋、バブルの絶頂期である。人が足りない、労働は売り手市場で仕事はいくらでもあった。

自分からジョブハンティング（職探し）はまったくしなかったが、友人たちから仕事の紹介がたくさん来た。当時お客様だった電子機器企業からも、うちに来ないか？　という誘いを何件かいただいた。

一番嬉しかったのは大手鉄鋼企業が、私が百姓になると知って、半導体産業を去る前にこの産業の将来展望を聞かせてほしいと社内講演会を催してくれて身に余る餞別をいただいた。そんな時代だったから、食えるか否かまったくわからない百姓になる人間も珍しかった。妻と二人ぶどうハウス内で草むしりをしているとき、両手に野菜を一杯抱えたお百

姓さんが入って来られて「貴方は今度ここで農業を始めた人でしょう？　私はそこで野菜を作っている者です、名刺代わりに食べてください。もし何かわからないことがあったらなんでも聞いてください。応援します」と言ってくださった。だから先生には困らなかった。わからない事があれば周りを見回して、近くの人に聞けばよい。あるときなどはハウスのビニールのかけ方がわからなくてパイプハウスの上の谷で考え込んでいたら、何人ものお百姓さんが登ってきて寄って集ってビニール掛けをしてくれたりした。

しかしこれには問題もある。たとえば「この草どう取ったらよいでしょうか？」と聞くと、人それぞれ答えが違う。「手で引くしかしょうがないでしょう」、「草掻きで削り取るのがよい。」、「テーラーで耕転してしまうのがよい」、「遮光シートか藁を被せて光をさえぎり、草が生えないようにするのがよい」と言うのから、「面倒だから除草剤をかけるのがよい。二人で手取りして二〇日かかる除草を一五分で済んで手取りの三倍の期間生えてこないよ」まで**十人十色**である。しかし、先生は一〇人いてもこちらは一人だからそのうちのひとつの答えを選ばなければならない。九人の方を不幸にする恐れがある。そう感じて、農協や普及所の技術者以外の地域の先生は、野菜はNさん、地元の風俗習慣はYさん、果樹はHさんを先生と決め、結果がたまたまよくても悪くてもその人を頼ると決め、以降、的が次第に絞られ出した。

4　賃料は労働で返して一石多鳥

農機の借り入れ賃は、援農という名の研修で払うべし

さて、肝心の農機具はどうしたか？

トラックはハイエースを持っていたから、座席を外してそこに堆肥を積んだり道具を積んだりして、トラック代わりにし、トラクターやその他の農機具類は友達に「貸して貸して」と頼んで借りた。

だけど、お金は払えないわけだから労働で返す。全部労働で返した。そうすると何がいいかというと、来年はニンジンを作ろうかなと思っているなら、その人がニンジン作っているときにお手伝いに行くわけだ。労働で返すと、**農業研修しながら授業料タダ**で、その上、借り賃を払える。これは最高なわけで、技術を全部盗めるわけだ、タダで。タダというかお金をもらいながら盗めるわけだ。

今度、スイートコーンを作ろうかと思えばスイートコーンをやっているときにお手伝い

◉カブの収穫

＊農業機械の借用料をカブの収穫を手伝うことで払いながら、その作物の栽培技術も学ぶ。これが一挙三得にもなる。
カブの収穫は真冬の一番水が冷たい時に手洗いしなければならないことが悩ましくも楽しい。

に行く。朝三時から懐中電灯持って収穫しながら選果するというのを全部習う。そうやっていると、お金はいらないんです。農地も借りてやれるんだから。借りても何でも五反歩以上やればお百姓さんとして認定されるわけだ。これだけはなきゃいけなかったというのは**一年分の生活費と農機具の購入費二五〇万円だけ**だった。最終的にはその二五〇万円だけ。それは私がシミュレーションをして計画がしっかりしていたから、といちおう自画自賛している。

予測と結果がずれる原因を知ることが重要

しかし、やってみたらシミュレーションどおりにはならない。世の中だいたいそういうものだ。三五〇〇時間働けばいいと思ったのに、どういうわけか、夫婦二人で六五〇〇時間働くことになってしまった。

何をどうやっていいかわからない。**やったことといったらたいがい間違い**なのだ。このやり方は間違い。仕事の手順が違う。この順番を逆にやっちゃうと仕事にならないということがあるのだ。

六五〇〇万円入ってくると思ったのに二七〇〇万円しか入ってこなかった。経費は一五〇〇万円でいいと思ったのに一九〇〇万円かかった。だいたいこんなもんだった。何が違っていたのか？　どこで、間違えたのか？　畑に行って、いま何をしたらいいのか、何をしなければいけないかわからなかった。

ぶどうの畝の上から草が生えている。畝の上の草は取らなきゃいけないよと周りの人が言う。そのうち背の高さになってぶどうを取るどころじゃなくなっちゃうからと言う。それじゃあということで夫婦二人で畝の上の草を取る。八連棟のハウスで一棟に二列ずつあって一列の長さが七三メートルある。それが一六列あるわけだ。それを端からズーッと取って全部取り終わって最初を見ると、取り始めたときより生えている。どういうわけか。しようがない、前の人が土地を荒らしていたからだなと思って夫婦二人でまた端から取った。全部取り終わると、いくら取っても取り始めたときよりも生えている。永久に草が生えてくるみたい。だいたい二月一三日に始めてだんだん暖かくなってくると草のほうが元気になるのが早いのだ。こっちが取るよりも。

だから三五〇〇時間で収まるわけがない。

シミュレーションの効能

ただ、よかったのはシミュレーションしているから、予測した状況と実際とは何が違うか全部わかる。

この結果に基づいて、労働生産性を飛躍的に上げなければならないんだなということがわかったのだ。労働生産性を飛躍的に上げるために一生懸命努力をしているうちに、お金というものは入ってきてもすぐ出て行っちゃうんだなとわかるのだ。労働生産性を上げようという努力だけではだめだ、労働収益性を上げなければいけない。要するに入ってきたお金が手元で留まるようにしなければならない。

そのうち悠々自適な百姓になろうと思ったのに六五〇〇時間も働いてるんじゃ、何が悠々自適かわからない。悠々自適イコール労働時間の短縮。それをしなければならないということがわかり、それでいちおう経営戦略というものを作ったのだった。

5　週休4日のためには労働生産性を上げる

◉ぶどう10アール当たりの労働時間の推移

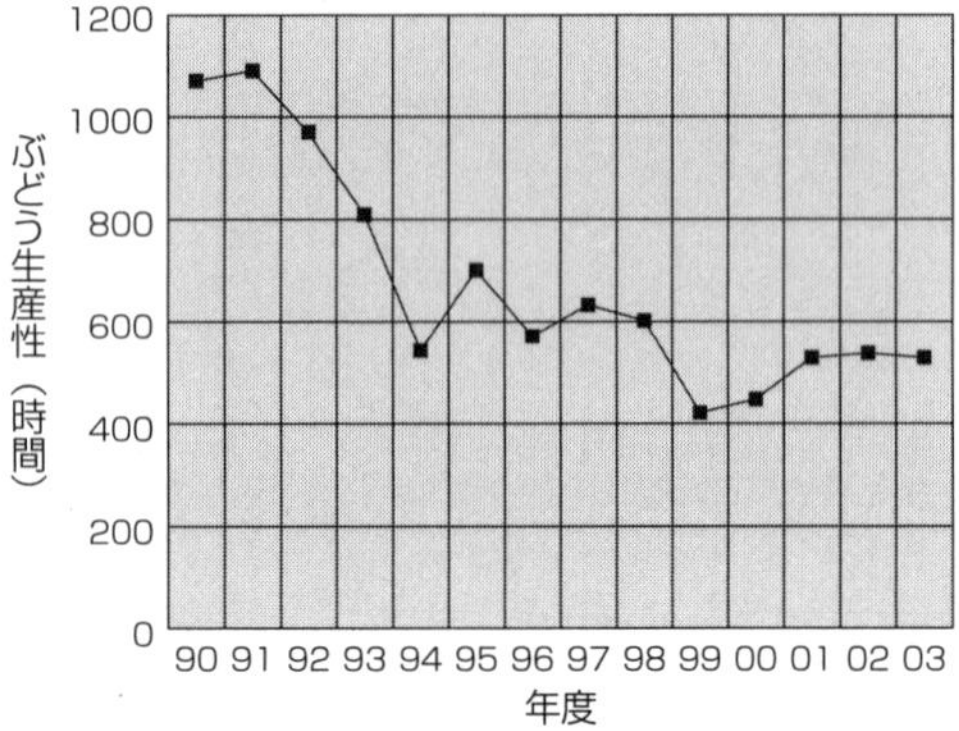

＊労働生産性の向上は主にぶどうで改善した。面積当たりの労働時間が当初の半分以下になっているのがわかる。これが余裕を生みだし、新たな挑戦を可能にする。

経営戦略を立て、構造改善五年計画をスタート

私はまず、五つの戦略とそれぞれの達成すべき目標を掲げた。各戦略には三つから五つのそれを達成するための方法（戦術）を決める。くわしくは36ページの表をご覧いただきたい。

戦略1の「小規模経営」を達成するための戦術に「3・2・3ガイドライン」というのを入れている。最初の3という数字は労働生産性、生産性の指標だ。一時間働い

たら三〇〇〇円入ってこなければいけないという3。2は収益性、入ってきたお金が出ていかないように、一時間働いたならば二〇〇〇円は手元に残らなければならないと決めた。で、最後が年間総労働時間。労働時間を一年間夫婦二人で三〇〇〇時間以内と決めました。とりあえず決めればいい。決めるだけでいいのだ。この「3・2・3ガイドライン」を決めたことによって、年間三〇〇〇円×三〇〇〇時間で九〇〇〇万円の収入があり、手元に六〇〇〇万円残ると決めたことになる。

宮崎あたりの農業改良普及所とか農協とかはみな、労働はタダだと思っている。百姓の労働が有料だとは思ってないのだ。だからいろんなやり取りのなかで労賃がタダだという前提の答えがいっぱい返ってくる。それが最初の間違いなわけだ。

自分の労働は一時間いくらだと決めれば、たとえば一時間三〇〇〇円だよと決めれば、農協で「一時間一〇〇〇円のいい仕事があるよ、普通は六〇〇円ですよ」と言われても、宮崎だったら、そんなところには仕事に行きません。自分の家で三〇〇〇円ですからね。三〇〇〇円の働き口があるのに一〇〇〇円の仕事をしますか、ましてや六〇〇円の仕事をしますか。そういう目標を作ると自然にそうなるのだ。

経営戦略

	戦略 STRATEGY	戦術 TACTICS	目標 OBJECTIVES
1	小規模経営（COMPACT LIFE）	目標とする業容を明確にする（TARGET BIZ PROFILE） □自分で売る □拡大しない □低効率分野の削除 □専作に絞らない □3・2・3ガイドライン	最少のリスク、高い自由度（LOW RISKS & MAX FREEDOM）
2	数値に基づく管理（MGMT BY DATABASE）	管理職情報処理体系（MGMT INFO'N SYSTEM） □全情報をPC上に構築 □無作為 □時間／収支／コスト管理	再現性と記録性（RECORD & RE-PEATABILITY）
		将来を読んで行動する	

3	4	5
展望と予測（OUTLOOK & FCST）	個人専業（PRIVATE SECTOR）	顧客の満足が資産（CUSTO,R SATISFACT,N）
（BIZ PLAN FIRST） □徹底した文献調査 □高い研究研修費率の維持 □PCネット □インターネット □シミュレーション	自家労働（INTERNAL LABOR） □アルバイトしない □アルバイト雇わない □雇用で規模拡大しない	対面対応が基本（FACE TO FACE） □コミュニケーション（電話&メール） □顧客管理 □S・O・P
先行性の維持（FEED FORWARD）	高効率で高い安全性（HIGH PERFOR,CE LOW RISKS）	安定顧客政策（REPEAT CUSTOMER MGMT）

仕事を半分やめると利益は四倍に増える

たとえば労働生産性を上げるのに一番単純で効果的だったこと。

私はお百姓さんの前で講演するときに、どうやって利益を上げられますかと聞かれると、最初に「半分仕事を止めましょう」と答える。

じつはみな丼勘定でやっているのだ、何もかもを。私は最初の年は金柑も作り、もちろんぶどうもアスパラもいろんなものを作った。みんな丼勘定で作っていた。一〇年に一度でいいから作物ごとに利益を計算してみましょうと薦める。そうすると、たとえば私の金柑の場合、一五万円の農薬代だの肥料代だのをつぎ込んで売上七万円だった。八万円の赤字だ。つまり、これをやめればやめるだけで八万円儲かるわけだ。

だからみなさん仕事を半分やめよう。**仕事を半分やめると利益が倍になる。**一時間当たりの収益性が四倍になるわけだ。やめるだけで。

こんな産業は世の中考えられない。これは労働生産性を上げる一例ではあるが、収益性を上げる例もゴロゴロしている。農業という産業には、金銀財宝が転がっているのだ。

地下室は絶対もっておきたい施設だ

また、地下室を有効活用することで、生産性も増す。最初、１３００リットルの穀類貯蔵庫を買ったのだが、運用コストがかかる。使い勝手が悪い。たくさん貯蔵できない。貧乏百姓向きでない。置き場所を取る……などなど、「小さいことはよいこと」を標榜する高効率農家向きでない。

例えばコスト、年間四万円ぐらいの電気代が掛かる。屋外には置けない。しかし夏場発熱で冷房効率が下がり、**電気代のムダ遣い**になる。一応満タンに詰めれば米30袋入ることになっているが、在庫管理に向かない。在庫管理の基本はＦＩＦＯであるが、最初の米を出そうとすると毎回一度全部取り出さないと一番下の袋は出せない。とくに私のように麦ソバ雑穀など趣味の在庫が多いと手に負えない。

なんにでも使える地下室

地下室を作ったら、穀類の在庫管理は超楽になった。

米、香稲、麦各種、ソバなど平置きできて在庫管理も楽になった。天然酵母の醗酵、ハ

◉地下室と外気の最高・最低温度の比較

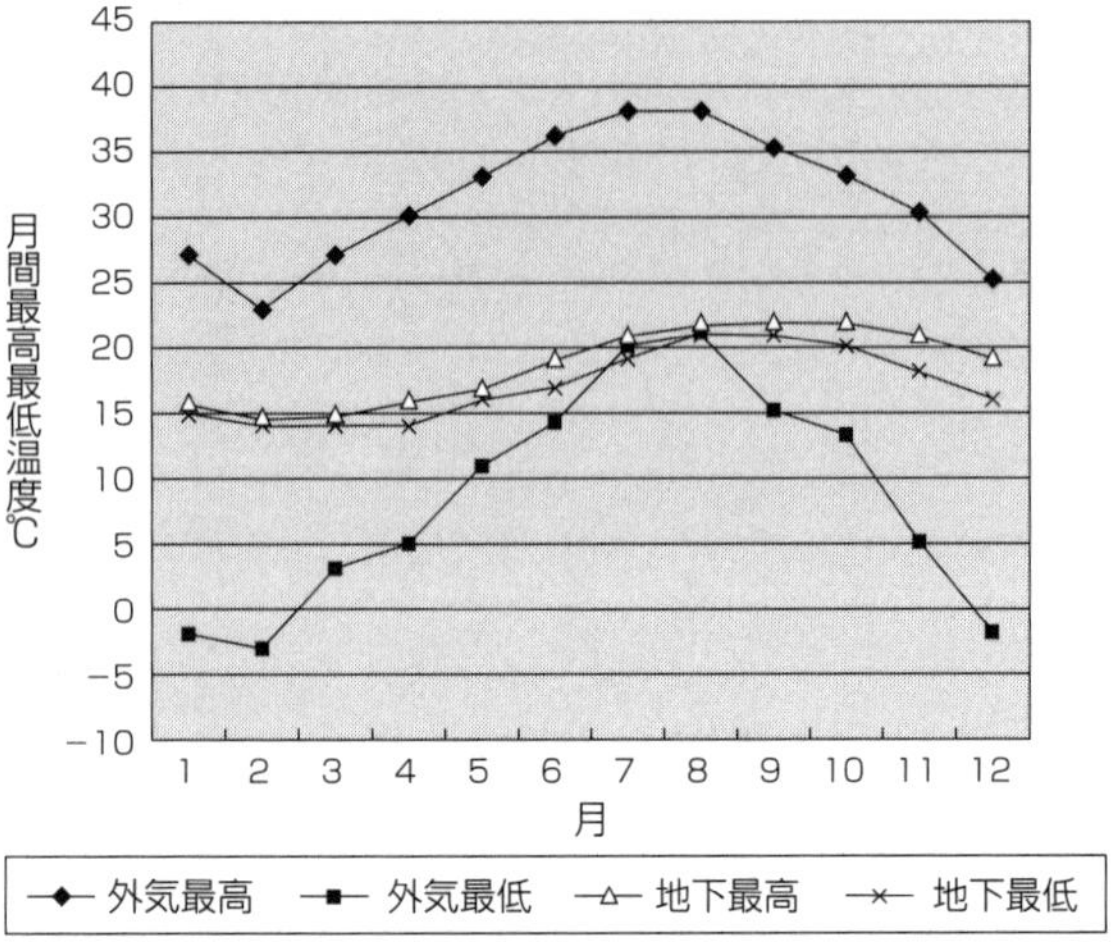

＊外気温の最高最低と地下室の温度を記録した。外気温が１年間に365サイクル変化しているのに対して地下の気温は年間１サイクルしかしない。しかも極めて安定で、穀類などを保存するのにほとんど運用コストがかからない。農家はぜひ持つべき施設である。

チミツ・ビネガー作りから密造酒の試作、種や苗の保存など等用途はいくらでもある。夏涼しくて冬暖かく、ワインなど高温にさらしたくない食材などの保存にももちろん威力を発揮する。地上で麦など保存すると一年で中の麦の95％は虫に穴を開けられる。我が家では三年ものの麦でもまだ虫は一匹も見たことがない。但し保存時の荷姿に一工夫がいる。我が家では穀類は乾燥度を管理した上、大豆用の紙袋に16〜18キログラム詰

◉地下室の建設

＊工場生産のボックス・カルバートと呼ばれる部品を地下に埋めるだけという手軽な、しかし頑丈な地下室で、電気、排水、換気工事はすべて自前で行った。農業するなら必須といえる施設だ。

め、これをポリフイルムで包み梱包テープできっちりと止め、製造年月や製造者、品種名などのシールを添付して格納する。将来搬入搬出用機器を設置したいが、現状は階段の昇り降りが辛いので1梱包20キログラム以下に制限している。

安く簡単にでき、維持費はタダの地下室

私は電気、換気、給排水、温度モニターなど一部自前工事にしたが、8畳間位の広さで地下5メートー天井上の土層の厚さ1メートル確保し約一二〇万円で作った。そのために隣の畑を半年借り、掘り出した土置き場と25トンクレーンの搬入路を確保した。果樹を一

時移動し、大型のバックホーで穴を掘り、ベタ基礎を打ってその上にボックス・カルバートを置くだけという頑丈で超手軽な作りである。上に家も建つし、果樹も植え戻せる。これから家を建てる農家や納屋などの施設を建設する方にはぜひ検討をすすめる。

6　収益性を上げるテクニック

収益性改善の第一歩は見積りを取って価格交渉すること

たとえば宮崎では見積りを取るという習慣がない。農薬を発注するときも、肥料を発注するときも、「何をどれだけください」と言って買う。

それでは駄目。見積りをさせなさい。**「相見積り（アイミツ）」**を取りなさい、または見積り合わせをしよう。

企業活動のなかでは相見積りを取らないで発注するということは、特定の相手に利益を与えようとする背信行為となる。だから相見積りを取って、安いところに発注しよう。

私は、果樹園と畑作でだいたい八種類くらいの肥料を使っている。たとえば骨粉という燐酸の肥料を七〇袋くらい使う。まず、机の前に必要な肥料一覧表を置いといて、**片っ端から電話をかける**。「私、骨粉が七〇袋いるんですが、お宅はいくらですか」と、宮崎で片っ端から電話をすると一番高い値段を言うところは、二〇キログラム一袋が二七〇〇円だと言う。そのとき、一番安い値段を言った業者は一袋が一五〇〇円。こんなに違うのだ。なぜこんなに違うか、普通は考えられない。農業では、誰も見積りを取る習慣がないからあり得る。見積りを取らないでみな注文するわけだから。高いところにあたったら悲惨だ。私はこの一五〇〇円のところに「この値段はどういう値段ですか」と、何か粗悪な品物か何かと思ったから聞いた。そしたら相手は、「いま注文して、いまくれという値段です」と言う。「ほかにどういう買い方があるんですか」と聞いたら「予約という買い方があるよ」と、来月の納品でいいなら予約だと言う。

支払条件が長くなるほど経営は堕落する

たとえば、九月二八日に電話しているとして、「一〇月一日の納品でいいけど予約になりますか」と聞いたら「なりますよ」と言う。で「いくらになりますか」と言うと「一袋五〇円安くなります」と言う。これが一四五〇円になると言うのだ。で、その人に「支払条件はどうなってますか」と聞いてみる。農業で支払条件について聞く人はほとんどいないと思う。私はまだ国際ビジネスの感覚が抜けてなかった。相手は「九月です」と言う。

「ちょっと待ってください。農業の世界では納品する前にお金を払うんですか」と聞いたら「いえ来年の九月です」と。そういう考え方があるのだ。要するに、肥料を与えて、木がパクパクと食べて、花が咲いて、実がなって、それが売れたら払いなよというそういう習慣があるのだ。「来年の九月だ」というのはそういうことだ。「ちょっと待ってください。私は一年間も買掛金を管理する自信がないんですよね。いまキャッシュで払ったらチョット安くなるんですか」と聞いた。すると「いいですよ五〇円安くしましょう」と言う。聞いてみなきゃ駄目なのだ。これで一四〇〇円。家よりチョット遠い業者だったから「これ、持って来てくれるんですか、取りに行くんですか」と聞いたら「いいですよ、お持ちしますよ」「もし私取りに行ったらチョット安くなりますかね」て言ったら「五〇円引きましょうか」と言う。一三五〇円、**一番高い業者の半値だ！**

双方が幸せになる落としどころが交渉の極意

たぶん、この人とあと三〇分喋っていればタダになる。私は最後には、そうする自信があった。そういうもんですよ世の中。だって、考えてみれば、これは二〇キログラムの袋に入っているのだが、私が畑に撒くときは破って袋から出してばら撒くわけだ。袋は農協にゴミ処理でもっていくと一キロにつき二六円二五銭ゴミ処理代を取られるわけだ。袋に入っていないほうがいいのだ。五〇〇キロバケットですくってガバッとバラでもらったほうがいいのだ、私にとっては。バラでいいよと言うと、通常こういうものはバラだと三分の一の値段だろう。たぶん二〇キロ四〇〇円くらい。これ蒸製骨粉ですから粉砕してあるから、粉になってなくていいと言ったら、たぶん二〇〇円。粉にするために、乾燥してあるんですよ。乾燥してなくっていい。どうせ土に混ぜて雨に濡れるわけだから。作物はこの種肥料を一年で食べるわけではない。五年以上かけて毎年すこしずつ微生物が分解して最後に無機態になり吸収される。果樹は過去五年分の肥料を分解しながら食べている。だから今、乾燥して粉にしなくてもよいと言ったら、タダで持ってけとなるだろう。

ただ、ビジネスの世界にいたときから、ネゴシエーションはウイン・ウインだと徹底して動機付けられていた。要するに**両方が幸せにならなければいけない**。「私幸せ、相手は不幸せ」ではビジネスは成り立たない。私がここでタダまで値切ったならば、その人はそれ以降あちこちで「宮崎県綾町の杉山とは口を利かない方がいいよ」と言うに決まっている。「あいつが歩いた後にはペンペン草も生えないからね」と言われるに決まっている。そうすると、私はここで農業をやりづらくなる。ここで一回手を打とう、私は半値で幸せ、相手もビジネスができて幸せ、ここで手を握ったわけだ。それ以降のコストダウンは来年に回せばいい。朝一時間、電話をかけて八種類の肥料をどこから買うか決めたのだけれど、それだけで四五万円かかるはずの肥料代が二五万円で済んだわけだ。**電話代だけで二〇万円返ってくる**のだ。これが労働収益性を上げるということだ。

時短でさらに収益が安定する

労働時間短縮、これも単純だ。

毎年、観光ぶどう園が終わると手元にある資金の一年分の流れの予定表を作る。一年間お金をどれだけ生活費に回して資材代にどれだけ回して、将来の投資にどれだけまわしてと全部決めて、リザーブにこのくらいと、必ず決めるわけだ。それまでは買いたいなと思った順に投資をする。しかし、五年計画がスタートしたその日から労働時間短縮効果を全部算出して、短縮効果の大きい順に新しい投資をする。ここでお金が尽きたら、それ以降

これが、週休4日の労働時間だ！

◉年間総労働時間の推移を見てみよう

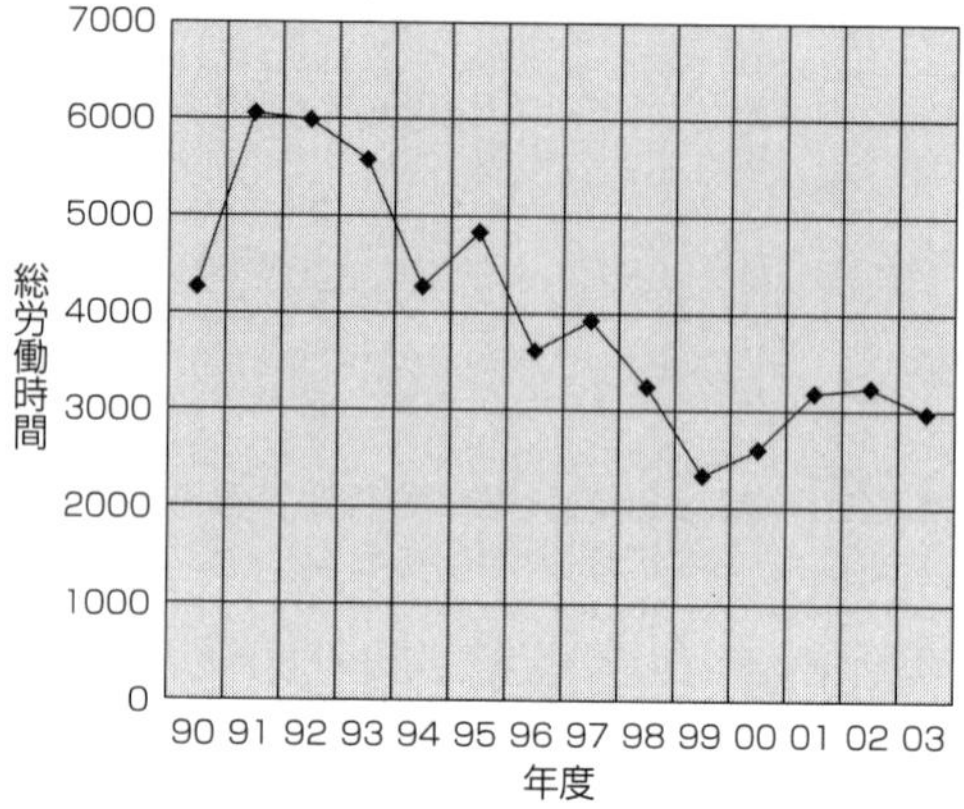

＊年間総労働時間は夫婦2人の合計（以下同じ）で、作物を栽培している時間（趣味の園芸などはのぞく）。
就農初年度は2月後半から始めたためと、新生活を始めるにあたっての環境整備のため少ない。

経営戦略を立案し、5年計画を推進し始めた93年以降、急激に改善していることがわかる。

◉月別の労働時間はどうなっているか

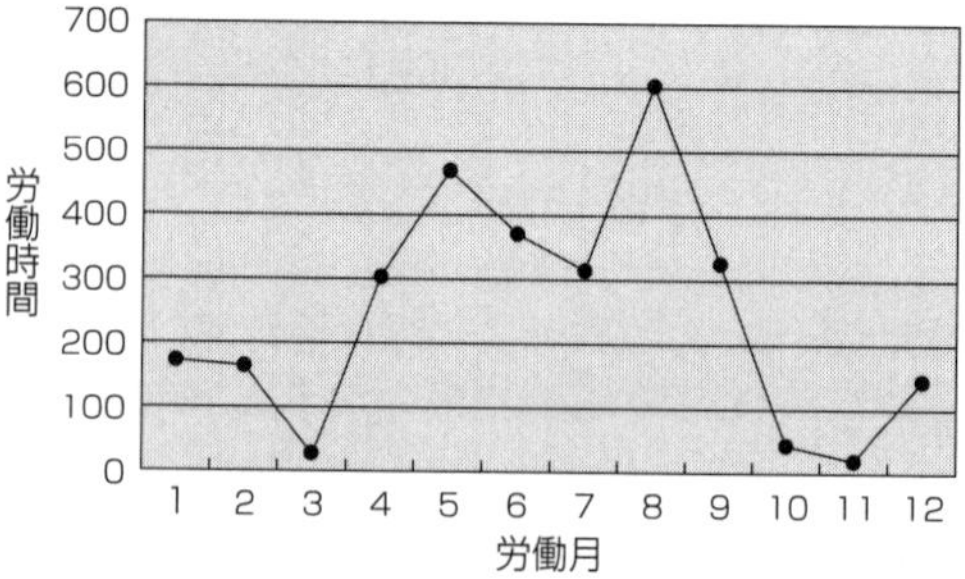

＊観光農園開園中の8月が最大で、秋から春の半年は十分時間がある。しかし、その間はあえて作物を入れない。ヒマな時期は次への飛躍のために投資、充電する期間だ。

は来年回しという投資の仕方をする。ただそれだけ。

五年計画でやって五年目に達成した。一番労働時間が少なかった年は夫婦二人で二三〇〇時間くらいしか働いていない。三〇〇〇時間というのは夏場ですと一日一〇時間以上働きますから、週三日働けばいいという計算ですよね。週休四日は可能なのだ。

そんなふうにしてお百姓さんをしてきた。

観光農園というお宝

もっとも収益性向上に貢献したのは観光農園だった。

最初の年に売上が上がらなかったのは、農協の資料に草取りの時間が載っていなかったという問題もあるのだが、もうひとつは農協がぶどうを一キロ当たり八五〇円で売るよと言ったのに、実際に持っていったら二五〇円だったりするからだった。この世界は品物を出したときにいくらかわからない。彼らが市場に持っていって競りにかけて、売れたら農協が経費を引いた残りが二～三カ月後に振り込まれる。二～三カ月たったら「あれはいくらで売れたんだ」とわかる。これでは駄目だ。生産物への情熱なしに販売するシステムに

◉手作りぶどう直売所

＊観光ぶどうを園を開園した当初は、毎年道路際に山から竹を切り出してきて直売所を自分で建設した。商品棚も竹で、お客さまの座るベンチも竹で作った。これが、素朴で好評だった。

は乗っていけない。自分で売らなきゃならない。それで、観光農園をやろうと決めた。

予行演習をして手ごたえを感じた

最初の年にほとんど農協に出荷して、ぶどう園のなかにはくず房がチョロチョロとぶら下がっているという状態で、お盆になるとき、三日間だけ試しにぶどう狩りというのをやってみようと思った。

倉庫から古い戸板を出してきて模造紙にぶどう狩りと書いて、道端に立てて矢印をつけ、ぶどう園の前でワンボックスカーのなかで寝て待っていた。一日待っていても誰も来ない。次の日は友達からビーチパラソルを借りてきて道端の畑に立て、その前にコンテナを三つ置いてぶどうの箱入りとパック入りと試食用を置いて家内が座った。畑のなかの道を車が来る。そうするとビーチパラソルが立って人がいるから、ブレーキをかけてなんだろうと見るわけだ。そしたら家内が試食用を持ってパッと行く。「そこでぶどう狩りをしているんです。試食無料ですから一粒食べてみてください」と行く。食べたとたんにその人は思い出す。「しまった。いま大急ぎで役場に行く途中だったんだ」と、しかし喰っちゃった。大阪、東京の人だったら「美味しかった。頑張ってね。さよなら」と行ってってしまう。でも、宮崎とか九州の人はたぶん行けないんじゃないかな。食べちゃったから。みな人がいいのだ。「急いでるからしようがない。そこの箱ひとつもらうわ」「ぶどう狩りは明日ね、今日はその箱だけでいい」と、その後はそこを通る車は一〇〇%うちのお客さんだ。もう形の悪いぶどうしか下がっていなくても一日五万円の売上があった。

三日間だから、もう一日。夜な夜なこれはどうしようもないという房を採ってきてジューサーにかけてジュースにし、紙コップに詰めてフリーザーで凍らせて、朝、農協のスーパーに行って氷を買ってきて、塩を上から撒いてそのなかに詰めてシャーベットも売る。

◉最初にぶどう園のロゴマークをつくった

＊下が看板用、上はワンポイント用だが、これを素材にいろいろな用途に一貫したロゴを作成し使用している。顧客への浸透、認知も向上してこれによる付加価値も大幅にアップしてきている。

二日目と三日目が五万、五万の計一〇万。売れ残りのぶどうで一〇万の売上があった。これはもうやめられない。

観光農園開園のためのアクションプログラムを作った

次の年の一月一日、今年は一〇〇%観光で行こうと決めた。

そこで一月一日に観光農園を成功させるためのアクションプログラムというのを作った。四〇項目。国際ビジネスをやっていたとき、いつも新しいプロジェクトを走らせるときはシミュレーションをする。アクションプログラムを作る。当然これはやるわけだ。タイムスケジュール込みで。一番から四〇番まで考えるのだ。

　もちろん、常識的にぶどう狩りの旗を作るとかビラを作るとか箱を作るとかね。それから役場に行って、名所名所に私のビラを置かせてもらうとか。テレビ、新聞、タウン宮崎にタダで記事を載せてくれるよう交渉するとか、いろんなことがあるわけですが、たぶん他の人とチョット違うかなというのは、一番目は「ロゴマークを作る」にした。四〇番目がSOPを作る。ロゴマークは自分のぶどう園のマークである。お客さんがマークを見たとたんに唾が出てきてぶどうが食べたくなる。そうするとスーパーで五〇〇円で売っていてもぶどう園スギヤマに来て一五〇〇円のぶどうが買いたくなる。そういうふうに動機付けをしなければならない。そういう自分の努力をどっかに蓄える入れ物が必要なわけだ。それがロゴマーク。ロゴマークに溜めるのだ。

　私は五〇歳で百姓になったが、最低でも七五歳まで現役でやるつもりだったから二五年間、二五年分の努力を貯金する貯金箱がいるわけだ。このロゴマークはそれだ。もちろん自分が考えたのではろくなアイディアは出てこない。ロゴマークというのは一生物だから、これはプロ中のプロに頼んだ。それを箱にも使う、名刺にも使う、看板にも使う。

顧客の満足を生むSOP

四〇番目、SOPを作る。SOPというのはスタンダード・オペレーティング・プロシージャー、日本語に直すと標準作業手順というやつ。

要するにこういう場合はこうしなさい。箱詰めはこういうふうなものをこういうふうに詰めて、余裕はこれだけ持たせなければなりませんよとか、いろんな基準を決める。サービスの最低の基準を作るわけだ、キチンと。

よくあることだが、お父さんに会うとサービスが超いい。奥さんに会うと超ケチだとか。それではいけない。信用をなくすから。誰が出ても最低限度必要なサービスは維持する。みなさんがマクドナルドに行って何か注文するとする。ビッグマックハンバーガー一〇個とか。そうしたら「こちらでお召し上がりになりますか、おもち帰りになりますか」と聞くわけですよ。「あなたバカじゃないの、ここでビッグマック一〇個も私が食べられるわけないでしょう」と思うけど、でも、マクドナルドのSOPにたぶん書いてあるわけだ。レジの前で何か注文したら中身がなんであろうとこう言いなさいと書いてある。これがSOPだ。そういうマニュアルを作ることによって、最小限度の基準を満足させる。

◉ぶどう園の全景

＊最初はこの第１ぶどう園だけで観光農園を行っていた。左端が93年秋の台風で潰れた直売所である。

◉ぶどう園ハウスの前で

＊本格的観光農園開園を前にして、ハウス入り口に手作りの看板を掛ける。

ついに開園

こうして開園した。一年目は五〇日で売り切れた。次の年の一月一日に三〇項目のアクションプログラムを作った。前年の成功を踏まえて、さらにお客様に喜んでもらうには何ができるか。次の年は四〇日で、次の年もまた一月一日に二五項目のアクションプログラムを考えた。次の年は三〇日、次の年は二〇日、最速だった年は八月一日にオープンして八月一五日に売り切れた。それを想定して持っていた二反歩の金柑園を第二ぶどう園として作り変えました。そういうふうにして販売期間が短くなってくると、お客様が宣伝してくれる。「あそこのぶどうは物凄く美味いにちがいない。開いたとたんにすぐ売切れる。だから早く注文しないと送ってもらえないよ」とお客さんが言いふらす。そうすると自分で売らなくていい。お客様が売ってくれるから自分はただ一生懸命作るだけでいい。

研修は自分で計画を立て、身銭を切って行い、必ず研修報告書を書く

うちの園は毎年、完売して閉園したら、すぐ「今年のぶどう狩りは終了しました。ご愛顧いただきましてありがとうございます。来年もっと美味しいぶどう作りに努めますから

よろしくお願いします」と書いた看板を立てる。そして、夫婦二人で一週間旅行に行く。そこらへんにいると、閉まったのを知らずに京都や大阪あたりから来たお客様にお叱りを受けること必須だろう。わざわざ来たのにどうしてくれると言って。

そして、自分たちが旅行中毎日あちこちでぶどう狩り、リンゴ狩り、梨狩りをして、喰いまくる。**これは全部農業経費**。美味しかったら園主をつかまえて「こんなに美味しいのは食べたことがない。すごく美味しいね。どんな肥料やってるの」と聞くわけだ。宮崎県でこれをやっても教えてくれない。競争相手だと思うから。でもほかの県だとみな自慢するわけですよ。「これじつはね、こうやって作っているんだよ」というふうに。

お客様へのサービスの仕方。口頭での応対の仕方。袋の詰め方、よその観光果樹園を見てよいところを全部採用するわけだ。どんどんそういう循環が進んでいく。お客様の方からもこちらに問題提起や提案もしてくる。もちろんコンピューターのなかに顧客リストを作ってダイレクトメールも出す。だけども、私は規模が小さいというのを第一のポイントにしている。

経営のポイントは「**規模が小さくて、効率がよくて、悠々自適で週休四日**」だ。そういう戦略だから、お客さんを増やしたくない。

ここではお客様はみな友達、ありがとう！

そこでコンピューターのなかの顧客リストにいままで何回来たか、何個荷物を送ったかなどのデーターを入れておいて、その数が多い順に並べ替えをして、下から三〇〇件、目をつむってばさっと消す。それが誰か見ると消せないから。消して新しい人三〇〇人加えるということを一〇年やっていると、リピートのお客さんばかりになるのだ。次の年開園すると、ぶどう園の入口に女の子の手を引いたお母さんが立っている。すぐ入ってこないでモジモジしている。そのうちジワジワと入ってきて「ズーッとハガキが来ていたのに今年ハガキが来なかった。忘れられちゃったら困るから来ました」と言うのだ。「すいません。家のコンピューターが間違えました。なんでなくなっちゃったんでしょうかね」と言って、もう一回名前を聞いて追加する。順位の上の方に。要するにお客さんがたんに売ったた買ったの関係だと思ってないわけだ。あなたとお友達だ。夏になったらお友達からハガキが来る。もちろん正月も来ますけど。そういうのを心待ちにしている。たまたま忙しくて二年間行けなかったけれども、「あそこからハガキが来ている」というのが嬉しくもあったわけだ。家のロゴマークが来たというだけで幸せになっていたのかもしれない。今年は来なかった。忘れられちゃうと困るからとりあえず今年行こうと来てくれるわけだ。

こんな幸せなお百姓さんができて、週休四日でいいんだろうか。

みなさん、転職のときはお百姓さんになることをお勧めします。それができるということが本当に幸せです。

ビジネス感覚をつかむための必須用語解説

サラリーマン時代、VA、VE、そしてTQCなどを駆使し、業務のムダを省き、合理化して会社を生き返らせる仕事を毎日のようにしてきた。そんな目で農業の現場を見ると、「宝の山」に入ったように見える。合理化のタネがザクザクあるのだ。このような合理化のテクニックを着実に実行してゆくことにより自然に自分の経営の形が固まってくる。

コスト・センター：その機能を維持運営するのに費用（コスト）がかかり、お金が出てゆくだけで収入がない部門のこと。プロフィット・センターの逆の部門。たとえば苦情処理係のような部門。

プロフィット・センター：お金を生み出し利益（プロフィット）を上げる部門。コスト・センターとは逆の働きをする。たとえば営業や製造、修理などの部門のこと。

ビジネスプラン：商品を売るための行動計画のこと。市場でどのぐらい需要があって、その中で自分がどれだけ売るつもりか決める（マーケティング）。そして、人員、予算、営業所をどう配置するかなどの計画を立てる。不足な需要を作り出したり、新商品の開発を促したりする戦略的で長期な計画もある。

労働生産性：一時間働いたらいくらお金が入ってくるかという金額ことだと思えばいい。サラリーマンやアルバイトでいう時間給八〇〇円などの値と同じこと。

労働収益性：一時間働いたら、入ってきたお金のうちどれだけ手元に残るかという金額のこと。

経営戦略：自分の経営をどのようにおこなうかを決める基本的な考え方や方針。この戦略の下にそれにともなう戦術やその戦略や戦術を打ち立てた背後の目的が決められる。**戦略**と**戦術**さらに**目的**の三点セット合わせて戦略としてはじめて意味をもつ。

ガイドライン：法律ほど厳しくはない、緩い取り決めのこと。何か基準を決めるとき、絶対守らなければいけないという法律のような決め方と、省庁通達のようになるべくそうなるように努めましょうというような緩やかな決め方がある。ガイドラインは後者。

相見積：価格を教えてくださいと問い合わせて、販売店の比較をすること。販売店ごとに商品がいくらか調べて、価格が一番安い所から買うようにするためだ。

アクションプログラム：行動計画。何かをするときに目的を達成するために必要な作業を細分化して、「何時までに」「どのような」状態にするかを決める、行動予定表。

SOP：エス・オー・ピー、Standard Operating Procedure の略。直訳すると標準作業手順。こういう時にはこうしなさいというマニュアルのことだ。

リービッヒの法則：植物に与えた各肥料成分のうち、もっとも不足する成分を補う分だけは有効だが、それ以上投入された成分はムダに環境を汚染して有効活用されないという法則。

校正：計器の指し示す値が正しいかどうかを調べて、正しくない場合は修理するか、誤差を正す補正値を求める作業。

品質管理／品質保証活動：「品質管理」とは、購入資材の受け入れ検査や途中生産工程内検査、出荷検査などによる管理のこと。どちらかというと製品を作る現場の活動をいう。「品質保証」とは、お客様が魅力を感じる商品の開発やお客様が喜んで利用・購入するようにすることで、生産現場よりも顧客に近い活動のこと。

FIFO：ファイフォ、First In First Out のこと。つまり先入れ先出し。最初に入れた物を最初に出す。いわゆる古い物を先に使うという基本原則の呼び名。対して後入れ先出しPIPO：パイポ（Pop In Pop Out）というのもある。機関銃のマガジンのように最後に入れた玉が最初に飛び出す。情報や物など管理するモノにより運用方法が異なる。

◉観光農園を訪れた子どもたち

＊いつも歓声がたえない観光農園にしたい。

第1章　農業経営もビジネス～こうすればうまくいく

1　ニッポン農業の3大時代遅れ「肥料」「計測」「情報」を克服しろ

ほかの産業に三〇年弱従事して後、就農し、ひとりのお百姓さんとして植物を育てていると、この農業という産業の矛盾がたくさん見えてくる。

とくに基盤整備がなっていない。

江戸時代そのままで放置されている。

基盤整備というと田舎ではブルドーザーを持ってきて土地をならし、排水路をつけ、道路を作り、畑や田んぼを四角くする**土木工事だと思っている**。

しかし、そうではない。すべての基本は太陽の光エネルギーを有効活用して、空気中の炭素と窒素を取り込んで植物を育てることである。その仕組みを効率的に管理し、**植物の健康管理**ができる仕組みを整備することなのだ。

当然、定期的な見直しと、長期的な戦略が必要だが、江戸時代以降、そんなことをしてきたのだろうか。

農林水産省は構造改善やら改革を叫ぶが、その実態は輸出立国のためにこの産業を放棄しているように見える。

そこで、各自がその不備を克服し、農業を立派な産業・ビジネスとして成り立つものにしてゆかなくてはならない。

農業の近代化には**情報化が欠かせない**。

そのためには作物が出す信号も数値化する必要があるし、作物が置かれた環境、我々お百姓さんが手を打った結果も数値化して評価のため元に戻してやる必要がある。そのためには計測計装を大胆に取り入れる基礎技術などが必要だ（68ページ参照）。

ビジネス管理の第一歩は、データを分析し、作業を修正することだ。

◉桃袋掛け数の年度ごとの推移を見てみよう

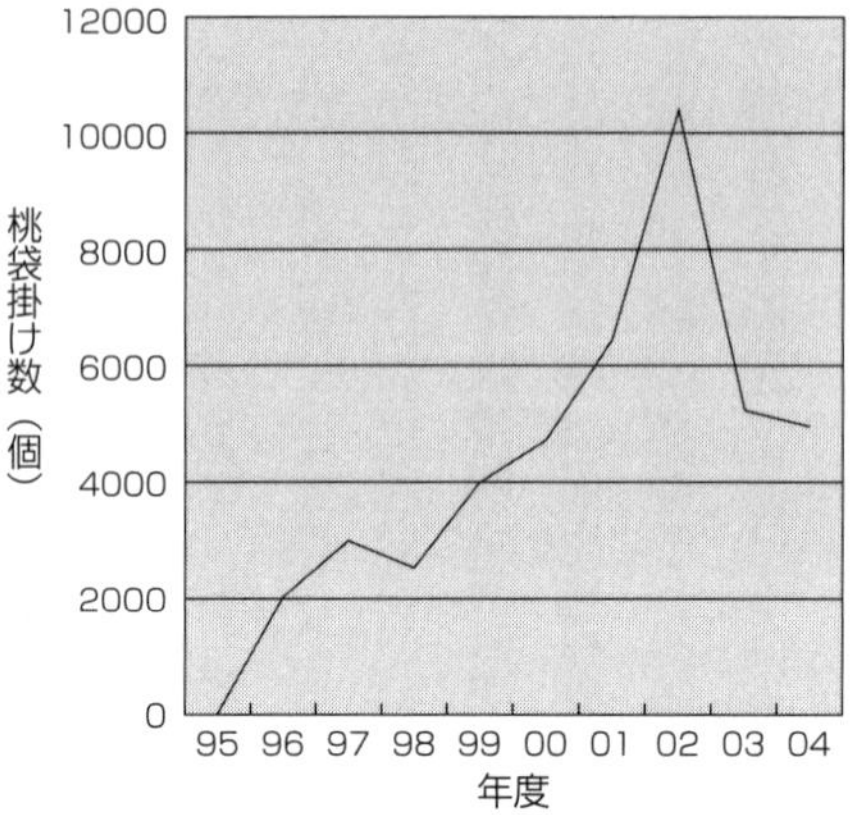

＊樹が年毎に生長し、02年は桃の袋掛け時間がぶどうの作業を圧迫した。そこで、収穫直後に成木7本をチェーンソーで切り倒し、03年以降の着果数を減らす。あわせて袋掛けの予算も控えめに修正した。
こうすることで、経営戦略でよくいわれる「小さい経営」、「雇用によらない経営」を戦術通り実行できるのだ。これがビジネス管理である。

◉桃1袋あたりの相対売り上げを見てみよう

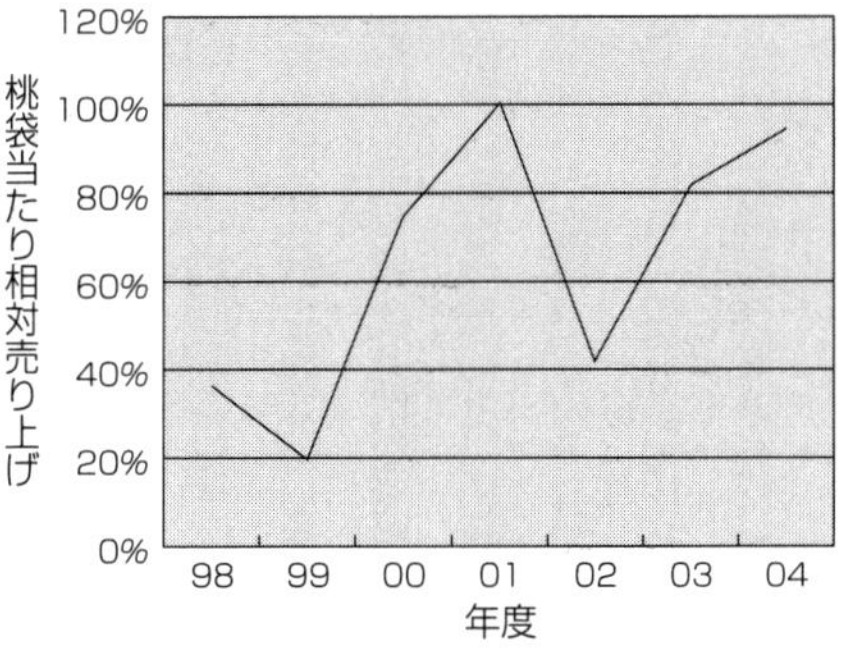

＊その年の桃の売上げを掛けた袋の総数で割って一袋当りの売上げを01年度を100として表わした。
袋数の多い02年は効率がかなり落ちているのがわかる。

私の園の規模での、もっとも効率のよい数をこのデータから見つけ出す。

もっとたくさん、もっとたくさんと「規模の拡大」と「収入増」だけを追求すると見えないことも、このように数値化して、一度引いてみると見えるようになる。

2　農協の指導には、ムリ、ムラ、ムダが多い

どれだけ肥料を与えたらいいのかわからない

就農後二年間は農協の肥料設計に基づいて圃場に肥料を投入していた。

しかし、農業経営の収益構造にメスを入れるためには肥料設計を自前で行う必要があると思い、肥料設計プログラムを表計算ソフト上に作った。

どうせ作るんだからどんな作物にも使えて、かつ専門知識がなくとも簡単に肥料設計ができて、予算管理やＰＨ（ペーハー：水素イオン濃度）変化までわかる欲張りソフトにしよう。

そのために、まず施肥根拠のデーター集めから始めた。たとえば、ぶどうを一〇アール当たり一・五トン収穫しようと思ったらどれだけの肥料を投入したらよいかという根拠である。

結果はなんと一〇の文献を集めると、一〇の異なる施肥基準があった。これでは、お百

姓さんは**何を根拠に肥料設計をしたらよいかわからない**だろう。

次に、投入すべき肥料や堆肥、厩肥などの肥料成分表をなるべく多くの種類集めることに取り組んだ。しかし、これも私が期待する水準のデーターではないことが判明した。

この農業という産業はいったいどうなっているの？　産業と呼べるようなインフラストラクチャーが皆無の状態で二一世紀を迎えるのだろうか？

過去五〇年、先人たちは農業の未来像をどのように描き、指導し、研究開発を積み上げてきたのか？

施肥根拠も不確か、成分既知の肥料もない

肥料は植物のご飯だ。何をどれだけ与えるかによって植物自体が健康にもなるし、病気がちにもなる。立派な果実も着けるし、ほとんど花が咲かない状態にもなる。

肥料設計の施肥基準を見ても、肥料の有効成分を見ても、ほとんどＮＰＫ（窒素、燐酸、カリ）に終始している。

たった三種類の栄養素だけだなのだ！　これは、人間を炭水化物と蛋白質、それに脂質

だけで生きていられると考えるのと同じことだ！

塩分もカルシウムもビタミンAもBもCなど他の栄養素は皆無、三成分だけで育てろと言う。そんなことは不可能だ！

肥料設計するということは、私が植物食堂の栄養士になるということなのだ。なぜ窒素（N）、燐酸（P）、カリウム（K）のほかに、カルシウム（Ca）、マグネシウム（Mg）、ホウ素（B）、硫黄（S）、鉄（Fe）、マンガン（Mn）、亜鉛（Zn）、銅（Cu）、モリブデン（Mo）、などが作物の施肥基準に網羅されていないのだろうか？

なぜ、私たちが購入する肥料成分のなかに、三成分以外の上記九成分が明記されていないのだろうか？

また、骨粉や過燐酸石灰のような肥料には山のようにカルシウムが含まれているのに、成分として表示されているのは燐酸だけである。なぜ、大切なカルシウムの量を表示しないのか？

農水省は過去膨大な研究開発費やそのほか、予算を組んできたと思うが、二一世紀の今日までなぜもっとも大切なそれらインフラ情報とそれを生かせるシステムの整備にお金を使ってこなかったのだろうか？

その結果、それぞれの作物に何をどれだけ肥料として栄養素を与えればよいのかわからないし、第一そのインフラ欠如のために、かりに必要量がわかったとしても含有量の判明した肥料が開発されていないので、投入すべき肥料がない。いきおい自分たちの無為無策の尻拭いをするためどこかに逃げ道を作らなければならない。そこで考え出されたのが有機農業であろうという邪推も成り立つ。

有機農業で化学肥料を否定したのは無為無策への責任逃れか？

本来、人間の場合のように炭水化物、蛋白質、脂肪のほかにカルシウム、ビタミン、塩化ナトリウムなど**必要摂取量を定めて充足度を管理すべき**ところを、有機物を施肥しなさいと言い換えた。有機物は動植物の死骸だから、本来必要なものは全部含まれているにちがいない!?　なんだかわからないがそれさえ入れておけば、ほったらかしにしてきた肥料三要素以外の九要素は賄えるかもしれない。化学肥料がダメだと言うのは無為無策を隠蔽するためのスケープゴートではないか？

もちろん人間だって塩分過多で高血圧症になる人もいるし、糖分過多で糖尿になる人もいる。化学肥料の投入を間違えれば土中微生物相を破壊し、作物の健全性を数世代にわたって損なうかもしれない。

だからといって化学肥料を否定した先に我々の生きられる将来はあるのか?

すでに近代文明は化学工業によってできあがった物質に依存し、農業用肥料もその循環システムのなかに組み込まれている。

無為無策から有機肥料に逃げる前に、物質循環システムを有効活用すべきだ。微生物のために必要最小限の餌と居住空間を確保する施肥技術体系を確立し、その餌の有機質も肥料成分として計量しつつ化学肥料群で安全に一二要素需給を管理できるインフラ構築に資本投下すべきだ。

そのためには下らないばら撒き補助金は全部カットしてもよい。現在の補助金は農家の経営力を脆弱化し、周辺産業の経営努力を、むしろ殺ぐ。

本来、二〇年後三〇年後を見据えてお金を生かして使う資本投下すべき方向づけをせず、長い間、ただ掴み金的にお金をばら撒いてきたので産業の土台が腐ってしまったのではないか？

森ばかりでなく木も見て

有機質肥料も万能ではないはずだ。

その有機物の種類によって、または同じ種類でも育った環境によって含有成分は違うはずである。それを有機物ごとに、さらには肥料成分ごとにある程度追求しなければ、リービッヒの法則によって各要素の需要を満たすために過剰施肥をしなければ問題が解消されなくなり、産業全体として資源の無駄遣いと環境に対して飽和成分の汚染を引き起こす。

ひるがえって、現場の一農家である私が二一世紀にもなってこんな問題意識を持たねばならぬ現状はなぜなのかを考えた。おそらく農水の偉い研究者もＷＴＯ（世界貿易機構）や米の需給さらに減反など議論している先生方もみな森だけ見ている。農業をマクロ経済（森）としてのみ扱っていて、**植物を育てるというミクロ経済（木）には無関心**だ。私のように木を育て毎日木を見ながら苦労している農民が日本の農業のあるべき姿を考えていないのではないか？

だから、いまさら、**五〇年遅れの問題**に直面するのではないだろうか？

新しい肥料最適化供給システムは作物栽培現場で疑心暗鬼や暗中模索を減らす結果、「ワラワラ詐欺」産業（110ページ参照）を抑止し、新たな肥料体系の確立に伴う肥料産業体系を生み出し、圃場における作物の生理障害や病害虫を減らして農薬使用量を論理的に激減させる。それらは新たなビジネスモデルとして世界に輸出できる産業にもなる。

日本には二〇〇万の農家があるという。一家三人と仮定すると六〇〇万人、日本の五％の人たちが日本の国内総生産の一％に相当する農産物を産出している。国際穀物市場に一朝事あるときは私の家族を含まない九五％の人たちがリュックサックを背負って買い出しに行かねばならない。

「GDP一％のためにいまさら面倒なインフラ整備なんて考えたくもない！」とは農水省も言っていられないのではないか？

3　土づくりのムダ

「土づくり」を例に取り、盲目的に農協の指導に従っていたのでは、ムリ、ムラ、ムダが多いということを具体的に述べていこう。

お百姓さん三年目にして、私は作物を作るたびに二トンも三トンもの堆肥を「土づくり」と称して畑に投入しろと言う各機関の指導に疑問を持った。そのことで、もらえる補助金は全部もらおうとしていた私の営農姿勢は転換され、結果、効率化が進み労働時間も減り、利益も増えたのであった。

「有機農業の町」という表看板を掲げた町で就農したために、就農の初めから「土づくり」という言葉に出会った。そして、いまだにその「土づくり」ということがよくわからない。いやむしろ「土づくり」と言われると何か胡散臭い、何かを隠そうとしているか、さもなくば金儲けをたくらむ人が「土づくり」という言葉の暗示にかかりやすい人からボロ儲けをしようと画策しているように感じる。

堆肥をたっぷり入れた土は健康か？

最初は堆肥をたっぷり入れて「土づくり」をしたふかふかの畑で作った野菜は「土が健康！　野菜が健康！　ビタミン豊富！　で甘くて！　美味しく！　栄養価が高くて！　虫も病気もつかずに無農薬でできる」と言われた。

すでに海千山千、口八丁手八丁、寝技裏技跋扈する国際ビジネス社会をくぐり抜けてきた私は、そのような単細胞的な、論理のかけらもないようなキャッチフレーズを信ずるには、あまりにも純粋ではなさすぎた。

しかし、まわりの人たちはみな、そのキャッチフレーズを信じているように見え、言われるままに堆肥をたっぷり投入し、深耕し、クローバーなど線虫駆除作物をすき込んで野菜を作っていた。彼らは本当にそのキャッチフレーズを信じたのだろうか？　それとも信じた振りをしただけなのだろうか？　彼らは信じていると信じた私の方が純粋無垢だったのだろうか？

ともあれ、私は本物ではない有機農産物を本物に見せかけるキャッチフレーズだと心のなかでは感じていた。

一度「有機農業開発センター」との会合で指摘したことがある。

「作物を作るたびごとに二トンも三トンもの堆肥を土づくりと称して畑に投入しなさいというが、毎年全圃場の土壌分析をしているのだから、残留腐植の分析を通して投下した堆肥のうち、どれだけが作物に吸収され、どれだけが腐植として残り、どれだけが地下水を汚染し、どれだけが大気中にCO_2として逃げたのか調べた方がよい！　もう腐植過剰で投入しない方がよい圃場もあるかもしれない」と言った。その場での回答は土中残留腐植の分析は難しいし、まだまだ腐植は多くなってよいということであった。が、翌日開発センターの専門家は私の圃場に来て、「みんなの前であのような（答えがたい？）ことを言うな！　わからないことがあったら教えてやるからセンターに訪ねてこい！」とすごんで帰った。まるで鈴木宗男さん張りに「税金を集めているのは俺なんだ！（とは言わなかったが）お上に逆らう奴には補助金は一銭もくれてやらねーからな！」という雰囲気であった。

補助金をもらわないことで経営は効率化する

しかし、この事件は幸いだった。そのとき、まだお百姓さん三年生の私はそれまで、もらえる補助金は全部もらおうという姿勢で取り組んでいた。それが農家の進むべき道を示唆していると思ったからである。が、これを契機に補助金というものをいっさいもらわない方針に転換した。すでに脱補助金一二年になる。不思議なものでそのころから経営は上向きに転じ、黒字が増え労働時間も劇的に減った。

田舎の百姓生活は「従って」いさえすればなんの意思決定もしなくともよい。ハウスの構造は「補助金つきの」指定された形がある。肥料設計は種の蒔きどきを含め農協から指示される。そのとき、もちろん上積みの高い堆肥を投入するよう指導が来る。線虫対策作物も補助金がつくから作り、堆肥をたっぷり撒いて深耕ロータリーをかければもちろん補助金がもらえた。

しかし、補助金と縁を切ったら、すべての意思決定は自分自身でしなければならない。もっとも効率的でコストの安いハウスの構造から、コストパフォーマンスのよい肥料設計、肥料の種類と購入ルートまで自分で悩み抜いて決定し、一度決断したら、多少問題があってもとことん有効活用しようと動く。その結果としてムリ、ムラ、ムダが減って経営は効率化する。

過剰な堆肥のムダと害

ＯＥＣＤ（経済協力開発機構）諸国のなかには冬は堆肥を畑に撒くことを禁止している所もある。温度が低いため有機物が分解せず、作物にも吸収されず、地下水汚染源になるからである。もちろん吸収する作物がなければ肥料は投入してはいけない。「土づくりのため」という理由は許されない。一ヘクタール当たり牛馬は一頭しか飼っては駄目！　自然の環境浄化能力を上回る汚染の排出があるからである。農薬散布には環境負荷税がかかり、抑制政策がとられている。それでもエネルギーベースの食糧自給率は一〇〇％を超えている。一方この国では一ヘクタールに何千頭も豚を飼い、その糞尿を自分の敷地内で思いっきり地下に吸い込ませ、目一杯堆厩肥を畑に投入し作物が吸収しきれずに流亡し地下水を汚染、かりに無農薬無化学肥料であったとしても作物は残留硝酸態窒素一万ｐｐｍもの、食べたら即死しそうな立派な野菜が大手を振ってまかり通る！　農協の指導になる肥料設計も窒素・燐・カリなどを三～四種類もの価格の高い肥料で充足させたうえに勘定外で堆肥二～三トンを土づくりのために投入するよう指示する！

ここに県の農政水産部営農指導課と土壌肥料対策協議会とやらが発行している『主要作物の施肥基準』という本がある。どの作物にも決まって二～三トンの、多いものは五トンもの堆厩肥を投入するよう指導している。夏でも冬でもお構いなしである。これはどうやらほかの県でもいっしょらしい。地下水を汚染し、百姓を貧乏にし、消費者に危険で過剰な硝酸態窒素を食べさせながら、集約畜産廃棄物処理を進め、畜産王国を経営しているのかもしれない。確かに過剰施肥をすれば余った肥料はムダになり、環境汚染はするけれども面積当たり最大の収量が得られ、売上は上がり、指導者は責任を問われない。消費者は**窒素過剰な**まさに青々として美味しそうなほうれん草などを手にして喜ぶ。ぶどうも桃も収穫時に窒素が効いていたら苦くてまずい！　私はいかにして着色して熟す時期に窒素が切れ、葉の色が薄くなり、枝先端の芽の成長も停止させられるかつねに腐心している。ポイントは過小施肥である。必ず**窒素などが途中で不足するように**肥料設計する！　野菜も同じである。我が家では葉の先端が黄色くなりかかったようなほうれん草を作って食べる。これは美味い！

さて、「土づくり」と呼ばれるものには石灰などＰＨ（ペーハー）の調整を目的としたもの、土中に空気を入れ好気性細菌の活性を向上させるもの、陽イオン交換能力（ＣＥＣ：Cation Exchange Coefficient）を増やすためのもの、深いところまで根を誘導するためのものなど多様で、そのどれもが、意図と手段に問題が多いように思う。極論すれば、「農業指導書」と呼ばれているものの記述の**五〇％はなんらかの意味での間違い**を含んでいるのではないかと思う。それだけ現場に即したという意味での専門性も低く、未成熟なシステムのもとで運営されてきたために、お上に逆らわず、ただ従って生きてきた「ムラ」がよい子とされたのではないだろうか？　『間違いだらけのクルマ選び』という本がベストセラーになったことがあった。誰か『間違いだらけの農業現場』という本を書いてくれないかなー？　従順な羊では二一世紀は生き残れない。

蛇足の補足：農業の現場は、すでにバイオテクノロジーから情報処理まで、さらに機械工学、エレクトロニクス、化学や微生物学などなど多様な分野の技術を高い専門性で要求される、技術集約産業である。

しかし、現場「ムラ」にはそんな技術もなく、人もいない。以前、農業情報利用研究会のセミナーで筑波から来たという優秀な技術者に会った。でも、彼らは論文書きの研究者だ。現場に近い農協や普及所、さらに農業試験場を含めて技術者は配属されたときはほとんど何も知らない白紙である。お百姓さんの周りをうろつく間にAさんの技術をBさんへ、Cさんの技術をDさんに伝えるうちに、次第に専門家らしくなる。でもその人的資源育成手法では、たとえそれを一〇〇年続けても、AさんやCさんを超えられない。農業の現場ではほかの産業で四〇年前当たり前に利用されていた、いま必須の技術ですら利用されていない。技術資産流動性改善プログラムを持たなければならない。

4　経験を積まなくとも、農業はできる

脱サラしてお百姓さんになって十数年、現場で農作業をしていると農業が他産業から取り残されて大きく後れを取っている局面は、肥料の問題以外にさらに二分野で感じる。ひとつは計測の問題、もうひとつは情報の問題である。もちろん農業経済という巨視的な視点に立てばもっと大きなマーケティングの問題や農協という組織の存在が競争抑制要因となり自由経済を不活性化させているというような問題もある。

が、ここでは、百姓が作物と向き合ってする活動に限定するので、それら上部構造には触れず、前掲の三大時代遅れ（「肥料」「計測」「情報」）のうちの「計測」に取り組みたい。

名人芸がなければ農業は成り立たないか？

就農して野菜を作っていると、周りの先輩方からあなたの野菜は葉の色が薄くなってい

るから肥料切れだとか、ぶどうの畝の土が乾きすぎだから水をやりなさいと助言されたりした。彼らはみな私より何十年も先輩だから感覚が研ぎ澄まされていてわかるらしい。農業雑誌などの記事でも、土を舐めてみると良し悪しや何が不足しているかわかるという人や作物の葉や茎をかじって栄養診断ができるという名人が登場してもてはやされている。

しかし、私は「何かおかしい」という感情が払拭できないのである。

誰もが機器を用いて計測しているのはハウスの温度ぐらいのもので、この業界では、ほとんどすべての要素を「感覚」や「感じ」「雰囲気」のような**曖昧な領域に放置している**。

我々が病院に行ったとき、体温だけ測って、あなたは病気ですとか健康ですと言われても納得がいかないのと同じではないか？　体重の変化を測り、血液検査、尿検査、レントゲン、ＣＴ、ＭＲＩ、心電図、脳波などを計測して正常か否か？　何をなすべきかを診断する。いまでは一回の月給で買える程度の自動車ですら何十というセンサーをつけてタイヤの空気圧からエンジン各部やブレーキシューの温度、オイルの流量や圧力を計測して、車が異常になると壊れてしまう前に正常に戻すように計器自身で助言する。

そんな時代に、ひとり、農業だけが「舐めてみろ！」や「かじって味を見ろ！」「どんな感じだ？」という水準でよいのだろうか？

エレクトロニクス産業も自動車産業もその強さの源泉は、昔の名人芸を、センサーの開発とその数値を処理するコンピュータープログラムに置き換えることで、**誰でもが名人芸を再現できるようにする**、そんな積み上げで達成してきたものではないだろうか？

産業のあるべき姿に民間だけでは到達できず、国際競争力を持ち得ないと危惧される分野は、たとえば「超微細加工技術開発」など官民共同研究プロジェクトを立ち上げて推進してきた。農業の世界でそんな「あるべき姿に向かって挑戦する」プロジェクトがあっただろうか？　少なくとも我々百姓にそのロードマップは提示されていない。

農業近代化とは借金を増やすことか？

行政が用意する農業近代化資金とかいうのがあるらしい。

私は補助金をいっさいもらっていないし、自己資本比率一〇〇％を崩すつもりはない。再投資が必要な場合は農業収益のなかから予算を確保して実行している。だからその分野のことはよく知らないが、認定農業者と呼ばれる自己資本比率の低い農家にさらに資本を貸し付ける制度らしい。近代化する手段は提供しないでお金だけ貸す。お百姓さんはそのお金で近代化とは無縁な箱物か何かを作る。その認定農業者は自己資本比率をさらに低下させて断崖に向かって背中を押してもらっている構図が見える。

民は之に由らしむべし、之を知らしむべからず?

就農して一年ぐらいたったころ、畑に次の作物を植え付ける前に地力を向上させるためにコストの低い有機物を投入したいと思った。

隣の先輩が近くの焼酎工場に言うと醸造液の絞り粕を無料で投入してくれてよい肥料になると助言されたので依頼した。ところが畑は有機酸臭の立ち込めた水田のようになってしまった。何度も耕耘し土壌を乾燥させたが、このPHではとても作物は作れないと直感できた。そこで土壌を農協に持参してPHを測定してくれるように依頼した。数日後PHはいくつでしたか?と事務所を訪問すると、JAの技術者は「造粒苦土石灰」を○袋投入しなさいと言ってくれた。

一を聞いて一〇を知るほどではない私でもこの件で幾つか学習した。

ＪＡいわく――

○あなた方お百姓さんにＰＨを教えてもどうせわかるわけがないのだからこちらで修正に必要な所要数を計算してあげました。

○アルカリ性肥料を投入してＰＨを修正するのなら、農協の利益率が一番大きい物を使いなさい。と、この二つのことを言っていると受け止めた。

まあこれほどひねくれた受け止め方をしなくても、ただ親切心で計算までして助言したことかもしれないが、結果として「農家が自発的にＰＨを修正して、費用対効果を最大にする学習機会を何気なく奪う」方向で行動していることは間違いない。

この件での私の対処は、

1. 助言された炭酸苦土石灰の袋数から、逆算してＰＨを計算する。
2. そのＰＨを修正する費用対効果を調べ、粉状生石灰＞造粒生石灰＞粉状消石灰＞造粒消石灰＞粉状炭酸石灰＞…＞…＞造粒苦土石灰から粉状生石灰を購入し施用耕耘して修正した。

3. 以降は自分で測定できるようにPH計を購入した。

4. 焼酎会社に行って、私は焼酎粕の捨て場を提供したわけではありません。土壌の有機酸分解能力を超えて投入し、土中微生物相を破壊し、一作の作付け機会を失った。それらの機会損失は置くとしてもPH修正に要した肥料代だけは支払ってください、と抗議した。

この会社の焼酎残渣散布担当者はこの件でクビになった。

計器はあっても誰も使い方を知らない？

就農後、知り合った若いお百姓さんから農業高等学校の教科書を借りたら、土壌中の水分計（テンシオンメーター）についての解説があった。これこそ私の求めていたものだと思い、すぐに購入して使い始めた。この計器によって、それまで散水の開始タイミングは**勘に頼っていたのを合理的に**決められるようになった。

たくさん出ている指導書や普及所の指導の「何日間隔で散水しなさい」というきわめて不合理な散水開始点の決め方によらず、たとえばこの時期はPF二・五になったら散水開始して、一回に三〇ミリの降水量換算の水を与えるとか、花が咲いているときにはPF二・九まで我慢して一回に一五ミリの散水にするなどの管理ができるようになったのだ。

論理的にも運用上も、植物生理の応答も好ましい結果が得られたので、周囲で有効活用している人は皆無だったが、第一ぶどう園で二カ所、第二ぶどう園内の二点で、果樹園にも二本、トンネルニンジンを作ったときには散水チューブの脇に二カ所設置して、好結果を得た。

一年が経過して農閑期になったときシーズンを通じて愛用したテンシオンメーターを八本ほどまとめてJAを通じて製造会社に送り返し、有料でもよいから校正（calibration）してほしいと依頼した。ところが、メーカーからは「校正って何をするんですか？」という問い合わせが帰ってきた。愕然とした。この業界では計測器メーカーが計測器というものはどのようにして保守・運用するものかというイロハも知らないのだ。試みにテンシオンメーターを使用している農業試験場のベテラン技術者に「その表示が正しいか否かはどのようにして確認していますか？」と聞いてみたときの彼の答えは「計器の表示を信用していています」というものだった。

このような現状であるから当然農業高校の先生も、農業大学校の先生方もこの業界では誰も計測器の正しい運用・保守・使用法を知らなかった。

エレクトロニクス産業では五〇年前からすでに常識として知られて行われていたことが、この産業では**いまでもまったく知られず活用されていない**。技術インフラの欠如のもと、いぜんとして勘に頼って生産活動をしている。これでは農業の近代化など夢のまた夢であろう。

鶏が先でも卵が先でもない、ロードマップが先だ!

私は現場の百姓としては計測計装を多用しているひとりだろう。

PHとPF、土壌中の水素イオン濃度と水分量についての現状の一側面を例示したが、ハウス温度の分布制御、温度警報発信とフェイルセーフ警報、中和滴定や糖・酸の分布測定と経時変化予測、さらには葉緑素計による追肥微調整のフィードバック制御等手作りや一工夫した技術を試験運用している。

しかし、一百姓としての計測器ユーザーから見ると、農業の世界におけるそれら計測計装インフラ整備と活用普及の欠如のために、価格が高く、精度が低く、安定性も悪く、使い勝手の悪い機器しか市場にない。

それはもちろん、お百姓さんみなが使わないから需要がない。その結果、量産されないから価格も下がらないし、改良も進まず、使い勝手が悪い。鶏が先か卵が先かといういわゆるチキン・エッグ問題に行き着く。

しかし、農業生産現場のあるべき姿を描き、ロードマップを作って研究開発プロジェクトを走らせれば、たとえばいまの携帯電話級の技術力からすれば現在一〇〇万円以上する非接触糖・酸度計は腕時計サイズで単価二万円程度、手の平に納まり、桃や梨やリンゴ、ぶどうなどの味を測りながら収穫でき、まずい桃に当たる消費者など皆無になるはずだ！

5 農業は情報産業だ～週休4日を実現するためには時短《ジタン》！

情報というと、すぐパソコンやＩＴ産業などを連想しがちだが、じつは農業こそ情報産業だと思っている。

昔からお百姓さんは情報を巧みに把握して活用してきた。

私がここ宮崎県綾町で就農し、初めてソバを作ろうと思ったとき、隣のお百姓さんが三つの言い伝え（＝情報）を教えてくれた。

「二百二十日は地の中」「一角つけば芽が出る」「七五日たったら鎌を持っていけ」。「九月一〇日ごろは播種済みだが発芽はまだという状態にしなさい」「種は正四面体の四つの角のうちひとつが地面に触れれば、発芽力が強いので大丈夫、覆土なしでも発芽する」「途中草取りとか、中耕などは管理いっさいなしで七五日後には収穫できるしぶとい作物ですよ」という情報である。

この項ではその「情報」について触れる。

井の中の蛙、外に出るべし

ぶどうづくりをすると決まったとき、ぶどうに関する本はすべて買って読みあさった（巻末の「参考書リスト」参照）。その甲斐あってぶどうの生理については理解が進んだ。しかし、実際の栽培となると本のうえでの話とは違う。剪定ばさみの持ち方から病気か生理障害かの判定まで現場の圃場で植物を前にしなければ理解が進まないことも多い。勢い就農当初は周りのお百姓さんや農協の技術員が頼りで、大変お世話になった。しかし、同じ質問は二度しないようにし、二年目には質問の答えは普及所の技術員から返ってくるようになり、二年目後半からは農協の技術員にした質問は普及所へ行き、さらにその先の農業試験場や大学へ行って返ってくるようになった。

その状況を解決したのは私が参加した「九州ぶどう愛好会」というぶどう栽培の研究グループである。九州全県にまたがるぶどう農家の集まりでみな勉強熱心で研究心旺盛である。現在ではこの研究会の農家群が私の主要な情報源の三分の一を占めている。

農業雑誌も『現代農業』から定期購読を始めて、一〇種類以上渡り歩いただろうか？いまでは私の要求する現場の技術水準に照らして高すぎもせず、低すぎもしないちょうどよい参考書として『岡山の果樹』を愛読している。

しかし、それでも月々入ってくるそれらの情報を当年の栽培に反映させることはほとんどない。年間の作業はすべてパソコンのエクセル上に約六〇ページにわたってプログラムされている。個々の項目の作業をいじると年間を通したシステムが歪んでしまう。『岡山の果樹』情報の要点はそのエクセル上に予備登録して翌年から反映させる。

これが情報源の三分の一である。最後の**情報の三分の一は自分の予算と足で稼ぐ**。研修視察である。経費を計上する必要のある視察は必ず研修報告書を書く。これが年間一〇拠点ぐらいある。報告書を書かない視察も行い、年間一〇拠点ほど訪問する。すべて自分で申し込み、夫婦で訪問する。先方が情報をもって私たちのところへ視察に来てくださる例も一〇回ぐらいある。これらの視察が情報源の重要な柱である。

つまり、ある程度競争力のある農業を営もうと思えば、綾町とか宮崎とか井戸のなかにいては生き残れないということである。

丁寧には読まないし、目の前を流すだけだが、米国農務省のＵＳＤＡレポートのメーリングリストに登録して世界の傾向も横目で見る。たとえば米国はぶどうをどこから輸入して用途は何か？　その増減傾向は過去一〇年、国別にどう変化しているかなど見ると、自分の今後一〇年も見えやすくなる。

農業も産業としては、時短が重要な時代になった

先に農業生産の現場では、産業界の技術に学ばない三大時代遅れが農業の近代化を阻んでいると主張した。「肥料」（栄養成分）管理、「計測」、そしてここでは「情報」利用技術に着目する。

私は六〇年安保世代で、授業を放り出して国会を取り巻き、俺も「声なき声だぞーっ」とデモを繰り返したひとりだ。そんな私が学校を卒業して就職した一九六二年、その会社の生産現場ではすでにＰＥＲＴ（Program Evaluation Review Technique）と呼ばれる情報管理技術を活用していた。

ＰＥＲＴとは、生産工程をばらばらの作業要素に分解し、各要素作業を合理化して最短の作業方法で標準時間を決め、その各要素作業を再構成することにより工程管理と時間短縮、出荷までの日程管理をしようというものであった。コンピューターなどまだ世に出る

前の話である。当時、私の研究室では手回し計算機を使っていたし、それがモーター駆動になり、いまのテレビサイズの機械式でない電卓が出現し、次いで一〇畳間の部屋にやっと入るような巨大な「二進化一〇進法」のコンピューターを機械言語でプログラムして用いるのはまだ後々のことであった。

時分割栽培

このＰＥＲＴの発想をニンジン栽培とラナンキュラスと呼ぶ花の球根栽培に応用してみた。

三軒の農家が集まって共同で作物を栽培するためである。ニンジンで二作、ラナンキュラスで二作の延べ四年のプロジェクトであった。私はこれを時分割栽培と呼んだ。

作物を育て販売する工程すべてを標準時間、肥料・被服ビニールなどの消耗資材、トラクターやビニールハウスなど償却資産、各工程から要求される役務を定義し、事前に相手の農家と細部にいたるまで合意を交わす。栽培を開始すると事前取り決めに基づいて肥料・ビニール・トラクターなどの資源や役務を提供し合い、それぞれの作業時間を記録す

◉花の栽培

＊野菜ハウスではラナンキュラスという花の栽培もした。
時分割栽培で実証した作物の一つである。

る。プロジェクトが終了して売上が立った時点で双方が提供した減価償却費を含めた経費を精算し、残った売上を各農家が提供した役務の総時間で割り、清算時間単価を算出して配分するという方式である。植物を育てる農業は季節により労働要求が偏る。したがって、暇な時期があるのに労働ピーク時にはそれ以上の作物は扱えないということになる。その労働ピークは農家ごとに時期が異なるので、共同して上記の時分割栽培を組めば合理的である。農業経営のリスクを下げながら、なおかつメリットとリスクを共有しているというのがこの方式の特徴である。この四つの試験栽培プロジェクトではきわめてよい結果を得た。

農業の世界でも情報を適切に定義・加工・運用すれば、いろいろな新しい可能性が開けるという一例になったのだ。

ロット判定技術で一気に売上三倍！　利益一〇倍！

ふたたび私が就職した会社の話に戻るが、当時前掲のＰＥＲＴによる工程管理のほかに全工場全生産現場でＱＣ・ＱＡ活動を行っていた。

ＱＣ・ＱＡ活動とは、品質管理・品質保証活動のことである。もちろんその活動は当時だけでなくほとんどすべての企業で現在まで続いているし、私が就農直前にいた会社ではものの生産現場のみならずサービス部門でも行っていた。

製品は全数検査するが測定誤差を見込んだ検査をしても、理論的に完璧な検査というものはあり得ない。だから、ある中間製品または製品群を母集団とする抜き取り検査をする。工程内・出荷品質検査である。

この母集団という概念と抜き取り検査で**全体の状態を推定する**ことは、農業の世界でもぜひ取り入れて活用すべき技術である。

◉畑の土の中のニンジンの規格内良品の総量が生育とともにどう変化するか示したグラフ

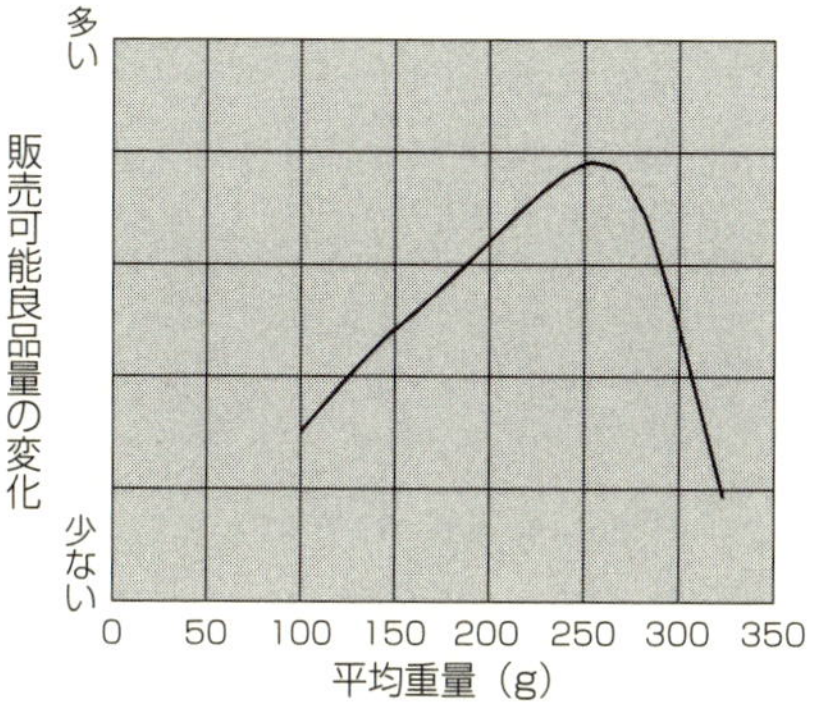

＊この図では75グラムから300グラムを良品として計算した。平均重量が240グラムぐらいになったとき、収入が最大になる。それ以後は規格の上限を超えて太り過ぎ不良になるニンジンが急に増えることがわかる。

具体的に説明しよう。ニンジンを作っていたとき、収穫が近づいた圃場で先輩農家にいまこれを収穫したらどのくらいの量、金額になりますかね－？と聞いてみたことがある。答えはいつも「それは収穫して見なければわからない」というものであった。

そこで畑のニンジン（母集団）を無作為に一〇本抜き取って（抜き取りサンプル）、葉を切り落とし、それぞれの重さを測り（抜き取り検査）、平均の重さとバラツキ（標準偏差）を計算し、これを正規分布の式に代入した。そのうえで、ニンジンの出荷規格の下限七五グラムから上限三〇〇グラムまでを積分（実際にはPC《パソコン》上で足し算をした）。

結果はその時点で畑の土の中には出荷規格に合うニンジンが二トンあることがわかった。そこで、グラフの横軸にニンジン一本当たりの平均重量を取って、出荷可能なニンジンの総重量がどのように変化するかを描いてみると、ニンジンの収穫可能総重量はその成長とともに緩やかに増え続け平均重量二四〇グラムのときに最大になり、その後急激に下がる山型のグラフが得られた（前ページのグラフ）。数日待ってふたたび同じニンジンの抜き取り重量試験を行い、一日何グラムずつ平均重量が増えるかを調べた。そこで収量が先の山型グラフの最大から一週間ほど手前の時点で収穫を始めた。我が家では夫婦二人で収穫するので、二〇アールのニンジンを収穫するのに約一週間を要するからである。その結果、一キロ当たりの単価は前年とほとんど変わらなかったのに一〇アール当たりの売上げは二八万円から九〇万円に増えた。

この場合、売上が三倍ということは利益が一〇倍以上になることを意味する。わずか二～三千円のコストをかけて情報を扱う、自身の人件費を含めても**一万円以下の情報処理コストでその一〇〇倍以上の付加価値アップ**が図れるという現実は驚嘆に値する。「情報処理」は農業経営への肥料だと言いたい。

情報を有効活用するとあんなこともこんなこともできる、農業が楽しくなる

適切な情報を適切な時期に適切な方法で集め、これを処理加工することにより飛躍的に効果的な経営判断ができる。

生産性を上げ、環境負荷を減らし、収益性を改善する。

いま、ビニール被覆された私の圃場、第一第二ぶどう園では毎日地温・土中水分・最低気温・最高気温・天気などのデーターが取り続けられている（次ページ参照）。ぶどうや桃が展葉五枚になると（今年の新しい枝に葉が五枚開いたとき）圃場・品種をロットとする葉の葉緑素量の抜き取り検査が定期的に始まり、検査情報収集→統計数値処理→追肥微調整が行われる。ぶどうに袋掛けするころには糖度と酸濃度の圃場判定抜き取り検査が始まる。

一〇年前にはこれを四日ごとに行っていたが、予測式の精度向上により一週間ごとに間隔を伸ばし、次いで気象予報を数式に取り込んでさらに精度が上がり、三年前からは不定

天気などもデータ化して有効活用する！

◉自分の圃場の天気を毎日日記に書く

天気記号

天気	表記	点数
晴れ		4
曇り		2
雨		0
晴れ時々曇り		3
晴れ時々雨	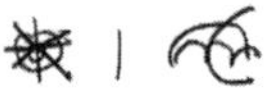	2
曇り時々雨	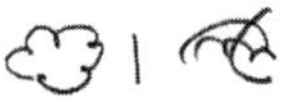	1
晴れ後曇り		3
晴れ後雨		2
曇りのち雨		1

＊日記に用いる天気記号がこれだ。これを数値化してパソコンに取り込むときには右の点数を用いる。半日の晴れが２点、半日の曇りが１点で、雨は零点とする。これをいろいろな計算に用いて栽培結果の判定や生育の予測式に取り込んでいる。

◉ぶどう開花時期の天候（4月24日を中心に21日間の平均）

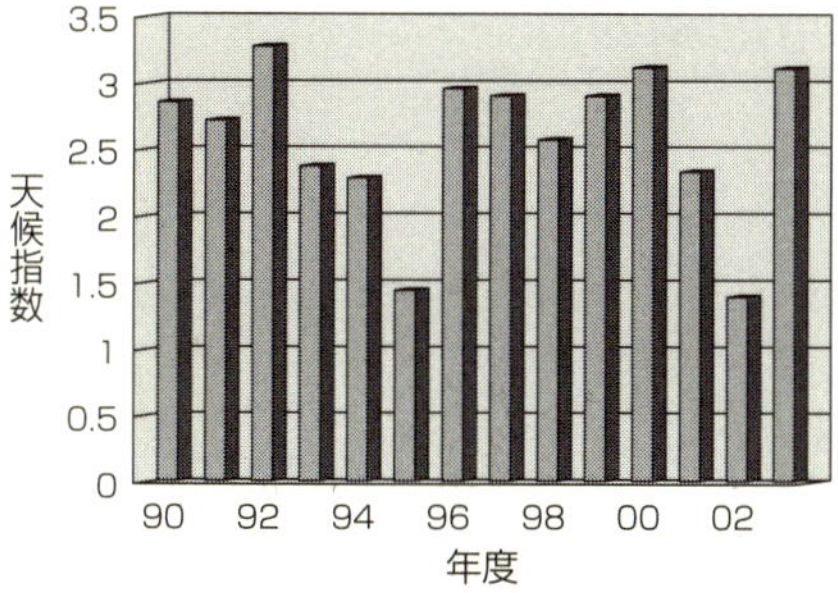

＊ぶどうの開花時期の天候はその年の作柄に大きく影響する。毎年4月24日ごろ咲くが、そのときの天候を過去13年間で比較してみると、02年が最悪で、翌03年は一転して最高の環境だったとわかる。花加温すると容易にこの問題を回避できるが、それをしないのもこだわりの一つである。

◉天候の21日間移動平均

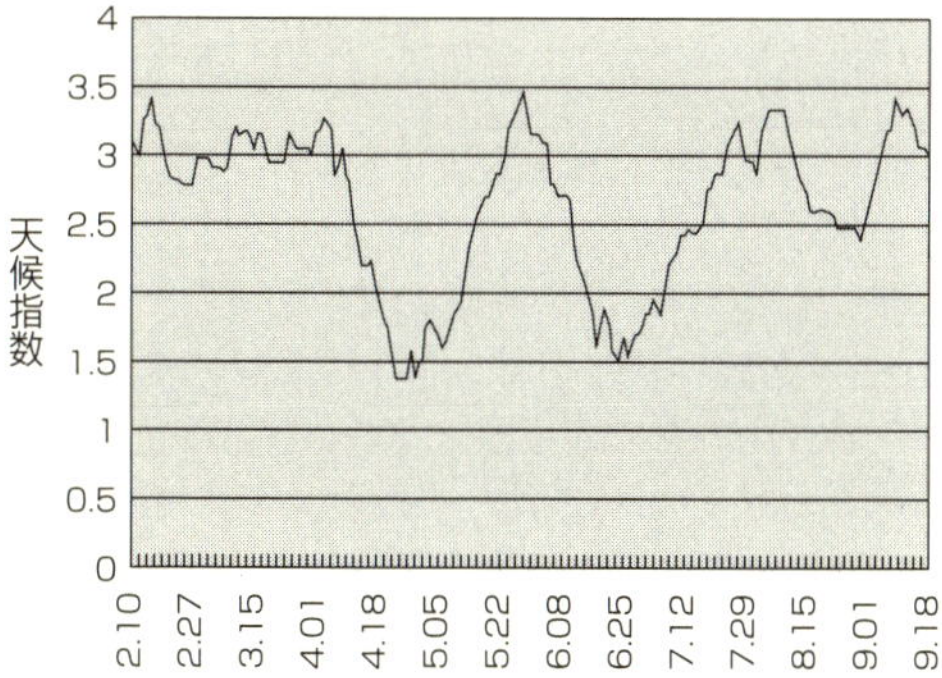

＊ぶどうの栽培期間内で梅雨の深さや時期のズレなどほかの年との天候の違いが生育に及ぼす影響を判断する時などは、この21日間の移動平均を用いる。
今までわからなかった天候による微妙な違いが見えるようになる。これは2002年のデータ。開花時期の雨が梅雨以上に深刻な日照不足と雨で受精を阻害したことが見て取れる。

◉観光ぶどう園の開園時期を決める計算結果の一例

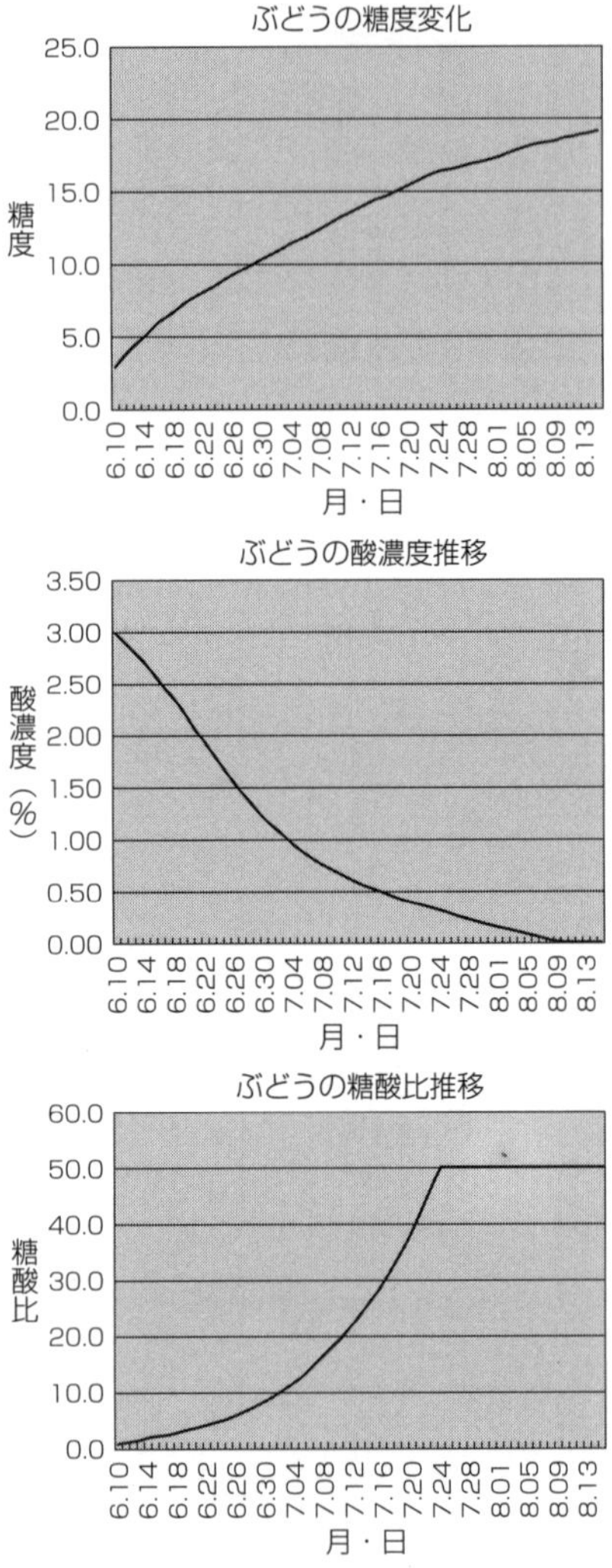

＊糖度と酸を計算して、開園時期を決めている。
糖酸比とは糖度を酸の濃度で割ったもの（三〇を超えると誰もが美味しいと感じるといわれる）。

開園条件は糖度一六・三度以上、酸濃度〇・五％以下、糖酸比が三五以上を同時に満足した日とした。計算式は過去の自園の実績で求め、自園の過去の天気と九州南部地方の日照と気温の一カ月予報によって反映させている。

期に気の向いた時測定するだけで十分になった。情報処理によって測定しなくとも常時、いま、および将来の圃場状況が把握できる状態が確保されたと言える。必要を感じたときには土壌や樹液のＰＨ、糖度（Ｂｒｉｘ）、NO^{3}などが計測され、その情報が処理・活用される。

経営管理の分野でも毎日の労働時間は作物別に、脱胞・開花・実止まりなど植物生理反応時期を農業暦に含め、記録保存している。

経費、売上などには作物ラベル・経費項目ラベル・農業依存率などをつけてパソコン台帳上に常駐し、作物ごとの経費や収益性分析用に新たな価値付加を加えることを可能にしている。このような不断の努力によってつねに作物の状態がわかり、圃場の状態が把握でき、経営も手のうちにある。安心して農業に生活の全部を預けることが可能になった。

もしかしたらこれを読んだ人は、我々が大変な努力をして情報化とその処理に取り組んでいると思うかもしれない。しかし、これは**ちょっとしたコツ**と方向づけ、それに**心がけの問題**である。そのために割いている時間は我々夫婦二人の年間総労働三〇〇〇時間のわずか二%程度である。それなしにはすでに栽培が可能ではないので、栽培管理と情報収集の境界が明確でないことも一因だが、それほどに**作物の栽培イコール情報処理**になっていることにもよる。

百姓はアリかキリギリスか？

あるお百姓さんの講演を聞いた。彼は経済界のある人（伝聞なので名は秘す）に次のような趣旨のことを言われたという。

「あなた方農業人は乞食だ。我々産業界も補助金などで国に助けてもらった。しかしそれによって産業の基盤を作り、国民を豊かにし、世界に誇れる技術を確立し、後継者も育てた。あなた方農業人は山のような補助金をもらいながら、ただそれを食ってしまって、後継者を育てず後に何も残していない」

かのお百姓さんは確かにそのとおりで返す言葉が見つからなかったと言っている。私もそう思う。

農水省もお金を使うのなら、

一．まずあるべき絵を描き、

二．その方向での研究開発投資により多くの資金を配分し、地方行政にもそのように要請する。

三．肥料メーカーや計測機器メーカーには、その方向に沿った普及用資材の開発に資金供与。

四．農家には本来あるべき姿に照準を合わせた現場での試行栽培と報告にリスク補填（compensation：償い、給与など）を与える。

四つで終わると語路が悪いからもうひとつおまけで、

五．青色申告特別控除五五万円は複式簿記と貸借対照表に対してではなく、ＪＡに入力してもらったのではない自前のコンピューター原簿をそのまま報告する者に一〇〇万円の補填を出す。それは産業のインフラを作り上げる努力に対する補填であって補助金ではない。

そんな方向でお金を使うように改めるべきではないか？　もうそろそろ補助金は生活保護費ではありません！　と族議員の有害な要請を切り捨てる時期ではないだろうか？

6　農家につけ込む「ワラワラ詐欺」に注意！

お百姓さんたちの努力すべき方向が見えるようになっていれば、ムダに試行錯誤しなくとも、農業就労人口の総エネルギーは必然的に農業の近代化を推し進めるはずだ。

しかし、方向が見えなければみながばらばらに試行錯誤し、その結果、詐欺や詐欺まがいの商法が跋扈する。ここではそんな悲しい現実に日々直面している農家の現状に触れる。

未成熟な産業ほど詐欺の標的になりやすい

「オレオレ詐欺」というのがある。電話の向こうで「俺おれ」と言って相手が連想した孫などに瞬時に成りすましてお金を巻き上げる知能犯である。

私がお百姓さんになって以来、農業資材の流れのなかに身を置いて、それらが自分の経営に役に立つか否か判定する作業を日夜続けているとなかには「詐欺」または**「詐欺まが**

い」のものが多数混じっていることに気がつく。

業者から売り込みにくる資材・機器でその傾向がとくに目立つ。

お百姓さんたちは自分の経営を立て直せるような品質のよい作物を作りたい、自分の圃場で発生する病気や生理障害を克服したいと思う。業者はほかの生産者を出し抜いて同じ作物を作っている周りの人たちよりも糖度が高くて香りがよくて日もちがして、より美味しい果物が、面積当たりよりたくさん収穫できると本人に思い込ませるように仕向ける。そして、自分が花咲か爺さんに当選したと勘違いした人に得体の知れない資材を高く売りつける。結果がたまたまよければ、その資材の効果だと吹聴し、悪ければ天候か虫か病気か本人の管理ミスに責任を転嫁する。

要するになんとか差別化を図りたい、問題を解決したいと**藁をもつかむ気持ち**のお百姓さんにワラ《藁わら》ワラ……と虚構の効果をちらつかせて食いついたお百姓さんを釣り上げる詐欺である。それが「ワラワラ詐欺」だ。

農業の世界ではそんな「ワラワラ詐欺」の産業規模がかなり大きいと感じている。きわめて残念なことである。若い前途ある就農者や友人たちがそれによってあたら資本と機会と時間を浪費しているのを見るのはじつに悲しいものである。もちろんそれらは多くの場合正規のビジネスの体をなしており、そのほとんどは嘘だ、詐欺だとただちには断ずることはできないものも多い。だから横行しているのだ。いちおうここではそれらを含めた資材を次のように分類してみる。

ワラワラ詐欺の分類

1. 明らかに効果がないとわかるもの。
2. 資材の成分・組成も不明で、キャッチフレーズだけのもの。
3. 効果はありそうに見えるが、代替手段があり、ほとんど機能マジックのようなもの。
4. 効果はあるが、お金と時間の投入に見合わないもの。
5. 効果はあるが、有効な場合は限定的で、産業全体の利用例では負の効果となるもの。
6. 効果はあり、用い方によっては無効な例もあるが、産業全体では資本投下に見合って産出を増やしているもの。

7．疑問の余地なく効果があり、産出を増加させているもの。

この七分類のうち一～五をここでは広義の「ワラワラ詐欺」産業とする。効果があるとして広く知られたEM菌も私は五に分類している。これらの資材は農家の情熱やエネルギーを非生産的な方向に誘導するウイルスのようなものであるから、たとえば一定期間インターネット空間に内容、成分、効果などを開示して公開の批判にさらし、その評価と批判がインターネット空間に開示され続けている期間のみ販売活動を許可するような被害防止システムが必要だと思う。

詐欺資材を構成する分野

抽象的議論に終始したので、独断と偏見のもと、各論を挙げてみたいと思う。

a農薬、b肥料、c水、d微生物、e環境、fシステム、gその他資材と無理やり七分類しておく。

まずa農薬。これを葉面散布したら虫や病気を寄せ付けないとか土中灌注すれば線虫駆除できるなど得体の知れない資材が次々と出てくる。知的資産を保護したいという前向きの意図も一部にあるのかもしれないが、私は組成、成分、調整法が開示されないもの、効果の実証データーの四点セットがないものはすべて詐欺だと思っている。知り合いのなかにそんなビジネス経験のある者がいるが、木酢やらとんがらしの抽出液やらを混ぜたくって気を惹く名前とキャッチフレーズさえ用意すれば一瓶何千円、何万円で売れて小金を稼げるらしい。その小金が産業全体では大金の機会損失を余儀なくさせている。

次はb肥料。土の団粒構造が改善し、土が元気、葉が元気、病気をシャットアウトして実が太り、糖度が二度も増えて、とたくさんのキャッチフレーズのうちどれかが気を惹かないかと効果を上げつらう。一〇〇〇倍に薄めて葉面散布をすると成分のATP（アー・テー・ペー：アデノシン三燐酸）が葉から吸収されて葉の照りがよくなり、植物の生産力が飛躍的に向上します。などとプロを自認する百姓のプライドを逆手に取るようなことも言ってみる。ATPが数ppm含まれていたらなんだって言うの？　半年前に生んだ五円の卵一個を放り込んで一缶五万円？　利益率一〇〇万%？　これも私はaと同様四点セットが揃っていなければ検討対象外の「詐欺」だと思っている。実際にはaでもbでも四点セットが揃った資材にはいままで一件も遭遇していないのですべて「ワラワラ詐欺」である。

c水。これはじつに多い。岩石活性水やら磁気イオン水、アルカリイオン水、電解水からクラスターの小さな活性水まで多岐にわたる。私の友人のなかにもその設備に車並みの投資をしてしまった人が三人もいる。残念だ！　悲しい！　投資をする前なら、やめろ！と言えたのに。なけなしのお金をはたいて効果を信じ、一生懸命やっている奴に、いかに厚顔な私でも、可哀想でとても「無駄だ！　やめろ！」なんて言えなかった。これはほとんど宗教の世界でもある。騙されて、信じちゃったら、突っ走る。政教分離ならぬ、農教分離を叫びたい。この分野の売り手は装置の機能とできる水について一般的に嘘はつかない。MRIによるクラスター分析もイオン分析も一〇〇歩譲って正しいと思う。問題はその水をもらって育った作物に発現する効果である。彼らが言う効果はほとんど嘘八百、自然環境の揺らぎのもとで対象圃場との有意差を確認できることはないだろう。でも信じたお百姓さんは結果がよければその水の効果、悪くても天気か施肥か自分の責任だと考え、業者に転嫁して戦えるような根性のある人なら、そんな設備を導入しなくとも成功する。

手品と同じ、機能マジックに大金を払わされる

具体例をひとつ挙げておこう。友人のひとりは電解水の設備を導入した。塩化カリ（KCl）水溶液を常時電気分解して陽極側と陰極側でそれぞれ酸性水とアルカリ・イオン水を取り出し、それぞれ一〇〇〇リットルのタンクに常時蓄えて、その水で葉面散布やら農薬散布の原水に用い、苗を洗浄したり散水したりしている。一般に微生物は中性付近を好む。過度に酸性やアルカリ性は好まない。だからその陰・陽イオン水は鼻薬程度には効果があるだろう。うーん……でもちょっと待って！　それってもしかしたら一〇〇〇リットルの水に片方は塩酸（HCl）を数滴たらし、もう片方は水酸化カリウム（KOH）を数粒投入したのと同じじゃあない？　車を買うような設備代はなぜ必要なの？

微生物詐欺産業

騙される農家が多いのと、一般人が趣味で支持するので、微生物詐欺産業はとくに活発だ。

d微生物にチャレンジしてみよう。EM菌を5の産業全体で負の効果に断ずるのは私の

思い上がりかもしれない。しかし、作物に良好な生育環境を用意して育てられるお百姓さんなら、微生物相は植物にとって必須なインフラなんだから、それを維持管理してミクロな生態系を多様にかつ活性にするためには、未知の環境に適合した外人部隊的菌の集団を導入して自分の子飼いの菌の集団に混乱を招き入れるようなことは、むしろ避けるべき行為だろう?! 入出力バランスの取れた有機物の継続的投入による微生物生育環境（餌、好気性、水分）の保全、石灰や硫安や尿素投入のような土壌PHを急激に変えるようなストレスを与えないノンストレス施肥技術。それだけ守っていれば、圃場の微生物たちはEM菌など投入しないほうがむしろその本来の種のミックスで活発に働く。私はジュース工場からお茶の抽出粕を受け入れたときも、蜜柑ジュース残渣の無償供給を受けたときも、自分の堆肥の一部を混合するだけですぐポッカポッカ熱くなって活動を開始した。ぶどうワインやイチゴワイン、さらにはニホン蜜蜂の絞り粕で作るハチミツ・ビネガーなど密造酒作りに挑戦するときも、スターター酵母菌などを用いたことはない。環境に生息する菌たちがすぐ連合して活動を始める。天然酵母パンですら種は自分の小麦粉を砂糖水で溶いてビニール袋に入れ、浴槽に浮かべた洗面器に入れておくだけで二日目にはゴボゴボ湧き出し、以降冷蔵庫に入れておけば低温でも活性な酵母菌集団に変身する。ＥＭ菌のような外来微生物に依存してウルトラCを狙うことは、人類何千年の歴史で培い育ててきた環境微生物相を活用して育てるという伝承的ノウハウの放棄を意味する。お百姓さんたちが取り組むべき農業世界のエネルギーを本来向かうべき方向からそらす**負の技術**だと思う。

ぶどうの生産技術研究グループである産地の生産者を一軒一軒回ったことがある。新たに農業に人生を賭けて数年、ぶどうの生理に対する理解も、圃場の管理も販売戦略もいずれも未熟で当然生産される果物の品質も悪く、食うや食わずの若者が一〇〇万円以上と思われる活性水設備を導入し生活費の半分も稼ぎ出せない果物を生産していた。悲しかった。こんな純朴な若者を食いものにする業者をなんとかなくせないものだろうか？　そんな業者を野放しにしている社会にも腹が立った。

7　楽しい農業の極意は「最適化農業」

作物を育てる以上に大切なこと

二一世紀における農業経営のベストミックス（何にどれだけ力をそそぐかの割合）は、経営四〇％―マーケティング四〇％―物づくり二〇％だ。これは一九世紀、江戸時代以来の物づくり一〇〇％、「作った物はすべてお上に差し出す」という慣習に対する問題提起だ。

江戸時代は「米本位制経済」だったからそうならざるを得なかった。それでもGDP＝米の石高の経済指標に計量されない、たとえばサトウキビのような作物の産出をたくさん抱えた薩摩のような国が、GDPの大小で消費を幕府から強要された時代のなかで国力を蓄積できた。長州も養蚕で国力を増やしたのではないだろうか？　その計量外の富が徳川幕府を倒す維新革命の原資になったのではないか。

いまでも地方に行くほどに「一〇〇％共販」、作った物は「**一〇〇％農協にお願いして**

販売していただく」というお百姓さんが「良い人」で、農協の指導に盲従し、自分の経営をしないお百姓さんが好かれている。もう二一世紀だ！　物づくり偏重から目覚めようよ！　過度に物づくりに入れ込んだ結果、過剰な外観競争に走ったり、過度の自己防衛になったり、**能力以上の栽培に取組んで効率を落としている**のを見ると悲しくなる。

岡山は反面・前面共に果物作りの先生

私の経営は果樹一ヘクタールといっても実態はぶどうが五〇アール強、桃が一五アールぐらいの零細農家である。

柿・梨・リンゴ・びわ・スモモ・ゆず・日向夏蜜柑・スイートスプリング・スモモ・グミ・サクランボ・いちじくなど販売したことのない作物や、クコ・オリーブ・樫・もみじ・モチ・クルミなど環境緩和樹種が庭木的に圃場をうめている。現在主に読む教科書は『岡山の果樹』である。岡山は果樹王国を自称していて西日本では果物作りの雄である。芸術的に作物、ぶどうを作る。

「これでもか」のぶどうづくり

　彼らはぶどうを作るとき、発芽した芽を選んで摘み（芽欠き）、花は開く前に整形する（花穂セット）。実がつけば一粒一粒選んで玉を落とし（摘粒）、玉が込み合ってきたらピンセットで玉の位置を入れ換えて（玉直し）、玉相互が綺麗に並んで中の果軸が外から全く見えないようにぶどうの玉の集合体（房）を芸術的に作る。その間も新梢の成長点を摘み（摘芯）続けて果物の王様を作る。外観超偏重の投入した労働や資材などに見合わない商品（果物）を作る。

こんな観光農園もあり？

　岡山に研修旅行に行ったことがある。そこでぶどう狩りを体験した。入場料一八〇〇円で超高い。我が家は入園無料である。そこではその一八〇〇円で一人一房だけ採ってもよいということであった。収穫ハサミを借りて一歩園内に踏み出そうとしたとき、「ちょっと待って、土の上は根が傷むので歩いては駄目だ！」と言われ、幅三〇センチぐらいの渡り板の上だけを歩くことを要求された。次には「そんなに隅に行くと貴方の頭がぶどうの葉に触れて痛むのでそっちに行っては駄目だ！」で、止むを得ず近くの房を切ろうとすると「待て、樹が傷むから私が取る！」と言ってついて来た人が自分で私の分を収穫してしまった。一房だけでは足りないと言うと、それならこのぶどうを買いなさいとその園では作っていない品種で、箱詰めをした時にできる房の切れ端ばかりを詰めた袋を示してそれを買えと強要された。**これはフィクションではない**。実話である。何か間違っているのではなく、全部間違っていると思う。ここでは何を最適化しようと思って農業をしているのだろうか？

お客さまを大切にすることはまず信ずること

我が家では自分のぶどうと桃を売り切ると毎年、一週間ぐらい研修旅行に出る。自分達が今度は客になって観光農園を楽しんでみる。

宮崎で二軒、山口で一軒、岡山で一軒経験したが、観光農園が狩のお客様に監視員をつける。我々が園内を散策する間中人がついて来る。我が葡萄園スギヤマでも開園期間中につまみ食いするお客様は一シーズンに二人ぐらいはいる。しかしこれが仮に一〇〇人いたとしても監視人の人件費には見合わない。ましてや「お客様！ 私どもは貴方を信用していません！」というメッセージと被害の防止とは引き合わない。彼らは一体何を最適化しようと意図したのか？

自分に合った規模の最適化が鍵

二〇〇四年は台風の当たり年で最初の超ド級台風は六号で、六月二十日頃来た。こんなに早くハウスの天井ビニールを除去したことはなかったが、今年六月中旬に早くも剥いだ。そのためにカラス、ムクドリの被害が多発、その対策に資金と多くの労働をさいた。梅雨真っ盛りだったので、葉の対策はしたがベト病で被害を受け、来年以降の作柄に影響は避けられない。開園中も何度か襲われたが、八月二八日の台風一六号をやり過ごした後、八月末で閉園し、台風対策やソバの播種などいくつかの仕事をこなした後、九月半ば、今年も研修に出た。九州四県を巡る旅である。

友人のぶどう園を順に回ってみると共通して見えてくるものがある。みな共通して**危険に対する対策が不十分なまま**経営努力をしている。一例を挙げてみよう。ある友人、Mさんは今年ぶどう園一・八ヘクタールに九万枚の袋を掛けた。九万房のぶどうを育てて販売していることになる。その結果、手が回りかねて粗放的に品質の悪いぶどうを大量に作り、観光農園だけでは売り切れず市場に出している。平均単価は下がり、量が多いためにいつまでも売り切れず園内には品質が下がって狩りのお客様も見向きもしないぶどうが破れた袋から顔をのぞかせている。我が家の経営と比較すると、我が家では〇・五二ヘクタールの圃場で一万八千の袋を掛け、総売上は変わらない。**袋数で五分の一でも同じ売り上げになる。**我が家では着荷量が少ないから早く熟し、早く販売開始できる。友人は面積三倍以上だから経費は四倍かけている。自分たちだけでは管理できないから人を雇って袋掛やら花の整形やらの作業をし、手取りは我が家の恐らく四分の一以下いやたぶんゼロだろう。

これが「楽しい農業」の基本です

私の行っている農業を、とりあえず**最適化農業**と呼んでおく。なにも経済原理だけで最適化しようと言っているわけではない。自分の信念や価値観の反映はあっても当然だろう。私も除草剤は使わない、加温栽培はしない、植物調整ホルモン剤は使わないなど経済原理から外れるこだわりはいくつもある。が、それはそうしない場合に比較した影響評価を一応踏まえてのつもりだ。作物を闇雲に作るという思い込みから一瞬引いて、市場価格の季節特性、台風など天災と作物の関係、顧客と購買動機など……、それぞれの切り口でちょっと最適化を試みると劇的に農業が楽しくなる可能性がある。

自分と自分の経営を時には鏡に映して見直しつつ経営すべきだ。

◉ホルモン剤なしで育ったぶどう

＊大量生産大量消費の世紀から、差別化商品を供給する21世紀に向けて、個性的な切り口が必要だ。

私が採用したのはホルモン剤を用いて種なしにしたぶどうではなく、植物の特性を上手に引き出す安全で持続性のある四倍体ブドウ栽培技術であった。食べ比べると同じ品種なのにこの種ありぶどうの方が美味い！　消費者に外観より味が決めてだと知って欲しい。

第2章　ニッポンの農業事情

消費者は食の安全を叫ぶ一方で、食の見た目（外観）に異常なコストを支払う。

しかし、食べ物それ自体にはお金の出し惜しみをする。

国民の七〇％がお百姓さんの時代ならいざ知らず、わずか五％の人に食をゆだねた現在では農薬なしには、効率よく食料を量産・供給できない。

しかし、その農薬の安全基準決定方式が現場の我々百姓から見て疑問が多いのだ。

ここではそんな切り口で問題提起する。

1　味とは関係ない、見た目のオリンピックと化した果物市場

♠メロンづくりは外観のオリンピック

メロン農家のYさんと知り合った。アールスと呼ばれるマスクメロンを作っているが、アンテナが命だという。アンテナとは、メロンの上のつるの部分。ボールの成り口から立ち上がって、つるが水平についていなければならない。本来、つるは地上から空に向かって立ち上がってくるように植えつけて栽培しているのに、実のついている部分だけを水平にしなければならない。実が大きく重くなるにつれ、つるも垂れ下がる。それをアンテナの形だけのためにひとつひとつ調節する。

これは農家にオリンピックのアクロバット体操を強要するようなものだ。実が太るに連れ、変わる蔓の形状を、つり下げ方を調整してアンテナがピンと水平になるように手をかけながら育てて収穫する。いま、六玉入りの箱で五〇〇〇円ぐらいで出荷する。

もしアンテナが水平でなければマイナス一〇〇〇円、輸送中にアンテナの片方が傷つけ

ばマイナス一〇〇〇円。太陽の光が強いとシルバーホワイト（薄いグリーンが浮いた部分）の色の緑が少し濃くなってしまう。それを防止するため、夜なべ仕事で古新聞をちょきちょき切って、これで日傘を作って、なっているメロンをひとつずつホチキスでとめる。陽の光が強くて緑黒くなったらマイナス一〇〇〇円。もし雨などで土壌水分と空中湿度のバランスが悪く、ネットの網目が美しくなければマイナス二〇〇〇円、これで六玉入り一箱がタダになる。これはちょっとオーバーな表現だが、**すべて味にはなんの関係もない項目である。**

彼は年間二〇〇万円の油（暖房用燃料）代、一〇〇万円のビニール代、マルチ代、灌水チューブ、肥料、農薬でおそらく一〇〇万円、出荷の箱その他の資材で一〇〇万円、ハウスやトラクターやトラックなどの農業用設備の減価償却費で一〇〇万円ぐらいの経費がかかるだろう。忘れていた、種が一粒約五〇円と苗づくりを農協に委託しているので一〇〇万円。もっと忘れている経費があるかもしれないが、とにかく、売上の八割をもう支出してしまった。そうだ、あったあった……一番大切な経費があった。奥様の事業専従者給与一〇〇万円である。我が家も同じだが、ほとんどの農家の生活費・食費はこの奥様の専従者給与で賄われているのだ。消費者がもしそのアンテナの角度気に入らないわ！と言えば、彼と彼女はただちに食費と生活費を失うのだ。

スイカでもカボチャでもなんでも同じだ。作物は陽の光を受けて葉緑素を作り、これが光合成して空中炭素を固定する。葉緑素という言葉が悪い。何も葉に限ったことではない。スイカの皮も、カボチャの皮も光合成する。光が当たらなければ緑にはならない。地面に接する部分は黄色くて土がついてぶつぶつになる。それでは売れないからと座布団を敷いたり、何千という玉を毎日右に左に転がして玉の形と色を美しくする。**味にも栄養にもまったく関係ない**のにだ！

これが二一世紀の農業に求められていることなのか？

こんなことを早く止めて本質的な食糧生産指向に移行しなければ、農業生産のインフラ、食料としての種の選抜・低環境負荷農法・低公害対応品種などなど、必要なときには間に合いませんよ！

「だれやみ」の焼酎甘いかしょっぱいか？

メロン農家のYさんはキュウリも少し作る。夏の間、メロンが露地で作れるようになると低付加価値になるので、その間、メロンの圃場を消毒して土壌線虫密度を下げるため、メロンづくりを休みにする。いわば失業対策作物だ。

宮崎の夏は高温多湿で苦しい。虫も病気も激増する。直射日光の下、きゅうりの葉の毛やトゲが肌にちくちくしてかゆい。汗と疲労とから唯一救われるのが、夕食の膳を前にしての「だれやみ」（だれ＝疲労、やみ＝止む＝回復、すなわち晩酌のこと）である。彼は「カッパ酒」が好きだ。

「かっぽ酒」ではない。「かっぽ酒」とは青竹に酒を詰めてたき火で燗をつけて、その青竹から直接飲む酒のこと。「カッパ酒」はコップにお湯割りの（または生一本の）焼酎を作り、そこに薄切りのキュウリを入れて、キュウリの香りを楽しみながら飲む酒だ。焼酎に抽出されたキュウリの香りで疲労も蒸発する。

農薬安全使用基準は誰にとって安全なのか？

だが、彼にはちょっと気掛かりなことがある。

夏は高温多湿で四日と言わず頻繁に農薬散布しているので、キュウリから溶け出す農薬が恐ろしい。もちろん自分で食す分は消毒直前に収穫する。それでもキュウリは三日では大きくならない。仲間内の口伝えでは収穫したキュウリを水に浸けておくと残留農薬が減ると言われているので、もちろんそれも実行している。彼はまだ一度も農薬の安全使用基準を破ったことはない。私も百姓の端くれ、農薬は必要になれば使う。私も安全使用基準は必ず守る。

では、なぜびくびくしながら彼は「カッパ酒」を飲む？　普及所や農業試験場は安全使用基準を守れば安全だと言っている！？

彼も私も口に出して言ったことはいまだにないが、農薬の袋に書いてある「安全使用基準」はじつは農薬メーカーの「販売促進基準」だと思っている。現場の百姓の直感だ。

たとえば「リドミルMZ」（いや「ジマンダイセン」でもよい）は、ぶどうには収穫六〇日前までしか使ってはいけない。袋掛けをしてあるから房にはかからないし浸透移行性のない安全な農薬でもだ！　でもキュウリやトマトには前日までよい！　前日の夕方六時に散布して、翌朝午前四時に農薬ベトベトのまま収穫しても安全だと書いてある！

日本ではほとんどのシステムが政治献金をたくさんする産業の要請で構築される。消費者の要請はつねに行列の一番最後に並んでいる。だから誰もシステムを信用しない。たとえ正しく作られたシステムでも、それを作り出した政治システムゆえに疑う。悲しいことだ！　たぶん今夜も彼はビクビクしながら「カッパ酒」を飲んでいることだろう。

2 消費者が守られていない本当の理由

ひところ、緊急輸入制限措置、セーフガードに関する議論がかまびすしかった。椎茸とネギとい草の洪水的な流入を抑制し、日本の農業を守るのが目的だという。曰く、過去の輸入量を上回る流入分について国内価格と同水準になるように高額の関税を課すのだという。

三年間の実績平均を上回るそれだけの量に課税して、本当にそれでお百姓さんは救われるの？

どれだけ日本のお百姓さんの助けになるかという試算はあるの？

それって消費者の利益になるの？

中国は日本にペナルティーを課すと脅してくる。するとそれが恐ろしくて、セーフガードの発動はやめようという論調が出てくる。その一方で、中国はＷＴＯに加盟したいと言う。なぜ日本はそんなに中国に対して弱腰なのか？　いったい誰の利益を守ろうとしているのか？

この辺では毎月町内のどこかで、家を新築した大工さんがオープンハウスというのを行う。行ってみると最近は綾町のような田舎でもみな超近代的な家づくりをしている。綾町は町内のどこにも鉄道線路が通っていない、どんな小さな国道もない。高速道路の出口はおろか、かすってもいない。自慢じゃあないが、ないない、何にもない辺地だ！　それでも新築の家はソーラー発電をつけ、熱交換総合換気をし、最新式の住宅設備機器が入る。もちろんほとんどの部屋がフローリングで、畳の部屋などは一室あるかないか。で、かりにあってもプラスチックの畳表だったりする。障子紙だってプラスチックフィルムが丈夫で破れないと好評だ。そういう時代にあって農家に過大な新規投資をさせ、農協をあげて畳表の材料のい草の生産を推進したのはなぜなんだ？　その人達の目は顔の前には付いていないの？　お尻の後ろに目がついているのかしら？　自己責任の基準はないのかしら？いくらＪＡが推進しても、ついていく農家にも責任はないのか？

この話は私のような「世の中の仕組みがよくわかっていない農家」から見るとすべて

の、すべてこのような切り口でやっていることが矛盾に満ち満ちていると見える。

たぶんここで欠落しているのは、一〇年後二〇年後を展望して、国民に保証すべきものはなんで、何をどの程度用意すべきで、何はどの程度不要かという基本のコンセプトであろう。それがないから公表できない。だから当然一〇年後の方向を共有できず、みんなバラバラに動き回っているのだろう。まるで分子のブラウン運動の様相だ。

もしそのような基本の方向を農水省が、いやおそらく農水省では手にあまるだろう、政府が「我田引水でなく」示していれば、当然潰れるべき農家は潰れ、消えるべき産業は消え、起こすべき産業を興しているはずだ。場合によっては農水省という機構も不要かもしれない。

食品のエネルギー効率

京大のある学科が主催する「環境に優しいエネルギー利用」と銘打った市民講座に参加した。宮崎県県民文化ホールという小さな会場だったが、参会者はぱらぱらで、主催者や講師陣に申し訳ない、宮崎県民として恥ずかしかった。中の資料に野菜一キログラム作るとき、使用するエネルギーという図があった。その野菜を作るにはその野菜から人が得ることができるエネルギー二六七キロカロリーの四倍が肥料やその他の形で消費される。これは露地栽培の場合である。ハウス加温ではそのじつに二〇倍のエネルギーを消費しているとなっていた。私が直感でさらに付け加えればそれを輸送、競売、卸し、加工して冷凍食品やレトルトにし、長期冷凍保存など最終消費されるまでに、おそらくその野菜がもともと持っていたエネルギーの一〇〇倍のエネルギーをムダにしているだろう。

私の知り合いは、私が百姓だと知っているのに、百姓は忙しくて時間がないだろうと、パックにしてチンするだけで食べられるご飯をたくさん送ってきた。そのご飯が**それほどまずくない**。しかしレトルトにし、輸送し、保存し、ふたたび戻しと莫大なエネルギーを浪費する。その昔、羽釜でご飯を炊いた。「初めチョロチョロ、中パッパ、赤子泣いても蓋取るな」はどこへ行ったのだろう。食品は加工保存してチンして食べるものと相場が決まったのか？　防腐剤、着色料、香料などなんとか料と呼ぶ人工添加物の塊である。

世の中、便利ならばなんでもありか？

どこかで踏み止まって旬の露地野菜を買って、自分で「初めチョロチョロ」しようではないか？

なるべくハウス加温製品は買い控えよう。通常は露地物に比べて味も薄いし、栄養価も低い。なにより二一世紀型環境の世紀にそぐいません。

環境に優しい、安全など二重基準を見直そう

宮崎から国富町を通って綾町に来る道脇に大きな看板が立っている。その横を通るたびに違和感を覚える。いわく「タバコ生産日本一の町」、宮崎のNHKニュースでもよく「タバコの種の播種が始まりました。宮崎は『タバコ生産日本一』です」と放送される。新聞でも地方版では同様の論調である。彼らはみなこれを素晴らしい宣伝すべきこととして捉えているらしい。私の感覚では恥ずかしいこと、隠すべきことである。

かなりこだわって有機農産物を作っている友人も、いつもくわえタバコである。周りに受動喫煙の害をまき散らしながら身体に優しいものを作っている。綾町も有機農業の町として有名だが、タバコ生産者に転作補助金は用意しない。タバコを生産しながら有機農産物を作っている生産者もいる。彼らの作物は消費者の寿命を片方で延ばし、片方で縮めて

いる。町議会議員の会合では女性町議の嫌煙権も認めない。環境や安全安心の看板を上げるのか下げるのか決めるときだろう。もちろん消費者も添加物ごてごてのレトルト食品と化学飲料を飲みながら、我々に農薬を減らせと要求するな！

もっとも、我が家の猫もＰＨコントロールとかいうお菓子しか与えていないから、他人のことは言えないか。

お百姓さんになって七年目の夏に書いたこの文章だが、いま読み返しても、私の現在の心境である。

もちろん現在も果樹栽培の減農薬化にはつねに挑戦しているし、自分の畑では有機が可能なもの、餅性とうもろこし・小麦・香稲・そば・豆類などしか作付けない。でもJAS認定は取らない。取得コストが過大であるにもかかわらず、消費者が正当に評価してくれないからだ。

3　有機農業についての誤解

有機農業に対する認識にはあまりにも大きなブレがある

農業情報ネットワーク全国大会で鹿児島の消費者代表という方の話を聞いた。曰く、消費者アンケートで消費者が信用できないと考える言葉のナンバー1は「有機」ナンバー2が「無農薬」ナンバー3が「自然」とのことであった。

私の近くに移住してきて花づくりをしている若いカップルが、将来に描いている営農形態を語ってくれた。

花で生活を維持するための現金収入を得、余った時間は趣味など充実した時間を送るために使い、自分が食べるだけの野菜は無農薬で作る生活とのことであった。

「その野菜は町に出荷しないいんですか?」と聞いたら、「誰が他人のために作るか! **有機野菜を食べたかったら自分で作れ!!**」と吐き捨てるように言った。

昨年、医大に入院したとき知り合ったお百姓さんは、「私の町では米づくりで、除草剤一回までは無農薬と言ってよいことになっている」と教えてくれた。私が「冗談じゃーない! 我々がその一回の除草剤を使わないために、何日地べたを這いずり回っていると思っているんですか!!」と怒鳴ったので、気まずい関係になってしまった。

就農直後のまだ血気盛んであったある日、私はひとりで県の農業試験場に乗り込んで、研究テーマのなかになぜ「有機農産物の栽培法の確立」というのがないのか? と頑張ってみた。農水省はガイドラインを発表しているし、私の町もその推進に日夜苦心しているというのに！　当然、公的な機関はバックアップすべきです！　と押して押してみた。結果は認可されている農薬は基準を守れば安全です。自然物でももっと恐ろしいものがたくさんありますという話に終始した。結局、できないということを間接的に述べられたのだと理解した。

ここでは、「有機」の基準を三年間化学肥料も農薬も一回も使っていない圃場で、化学肥料も農薬もまったく使わずに作った（農薬と肥料に関する例外規定を受け入れたうえで）作物に冠することのできる「称号」として議論しているつもりである。

スーパーやデパートの有機農産物コーナーがあると必ず立ち寄って誰が何を出しているか調べてみている。冒頭の消費者代表はよく問題を指摘していると思う。農水省のガイドラインは北海道か岩手で小規模に作る人か、家庭菜園をやっている人向けに作ったものかな？　南九州のような高温多雨、多湿で虫と病気と雑草の展覧会のような土地は念頭にないのかもしれない。

有機農産物を作るのにどれだけのコストがかかるか

感情論はこのへんにして、少し技術論を紹介しよう。

時分割栽培というのを花や野菜で数家族とやっている。ある作物を作りたいが、自分の他作物との労働配分の調整がつかないとき、ほかの農業者と共同で資源を提供し合って耕作しましょうという手法である。ひとつの作物を育てるのに双方が提供した資材費と使った設備の減価消却費をまず売上から差し引いて、次いで双方が投入した労働時間の総和で残りの金額を割って逆算時給を求めて経費と労働に対する対価を平等に再配分するという手法である。一九九七年のトンネルニンジンはこの手法によったので、その例から数字を拾ってみる。私は圃場準備、播種、温度管理と水管理を担当した。総資材費は一〇万八千円減価消却費は三万七千円、売上は五一万一千円、総労働時間は双方合わせて四八三時間で、このうち、じつに二五六時間二二日間も夫婦二人で畑に這いつくばって草を取っていた。逆算時給は七五七円／時間であった。一方、除草剤を使ってニンジンつくりをしたらどうなるか？　私は経験がないから、わからないが、想像力をたくましくして資材費が一一万八千円、減価消却費は変わらず、逆算時給は一三六三円／時間になった。除草剤を使わない場合のほぼ倍の収入になる。このトンネルニンジンは正直に言うと疑似有機である。偽物です。他のシーズンには農薬に頼らないと品物ができません。この作型でも二年に一回は殺菌剤としてボルドー液を、三年に一回は殺虫剤を散布しないと子どもを学校には通わせられません。この例を偽物でなく本物にしようとしたら、畑の他の時期の運用法とか、ニンジンの作ごとの歩止まりとか、限りなくたくさんのリスクのために、もし有機農業でも慣行農業でも時間当たりの労働が平等に評価されるなら、有機ニンジンは何十倍の価格になるか想像もつきません。

質問！　あなたは「有機」や「無農薬」と書いてあったら二倍以上の支払いをしていますか？　もし答がNO！なら、その品物も偽物です！　私もあなたと同じように子どもを高校に入れてやりたいです。

才能があれば大学にも行かせてやりたいです。

私は自分の犠牲において草を手で取らねばなりませんか？

世の中結局、現実と折り合いをつけざるをえないのか？

あるお役人の奥様がアルバイトに行っているという。どんな仕事ですか？　と問えば、都会から有機農産物の注文を取って箱積めして出荷する会社だという。品物はどこから入れているんですか？　と聞いたら、毎朝市場から仕入れているとのこと。

その市場には、こだわり農産物コーナーなんてありません！　私にはその奥様を非難できません。世の中の九九％がそうなのになぜ彼女だけをなじれますか？　あなただって知っているんでしょう！　それが偽物だって！　だから有機農産物をゲーム感覚で安く「ファッション」で買っているんでしょう！

理想を追って夢破れるケースもある

脱サラで新規就農する人たちはなぜかほとんど有機農業をめざしている。しかし、それだけでは食べていけない。なぜなら消費者は労賃も含めたコストを負担しようとはしないからである。実際その道に入って、夢破れる人の例はここ綾町にもたくさんある。そのなかで自分の意志を曲げないで頑張っている人もいて、見ていて悲惨である。どうせ長くは続かないと思うが、Hさんは東京の家賃収入で、Iさんは奥さんの勧めで、Mさんはやはり奥さんが保険の外交をして、Oさんは独身なので建設作業員をしてそれぞれその理想を追求している。ちなみにOさんの農業の年間粗収入は六〇万円！　経費を除いたら手取りはマイナスでしょう。もしあなたが自分で作っていないで本物の有機農産物を口にする機会に恵まれたら、あなたの食べているモノは、昼休みの職場に滑り込んでする保険の勧誘やら、スコップで掘り起こす水道管に落ちる汗の滴です。

自然体で自分に正直に農業を考えましょう

私は有機農業推進会議には、三年前から出席しないことにした。有機農業登録圃場も少しずつ登録を辞退している。行政に組み込まれるとストレスがたまるからだ。有機農業なんて疑わしい、信じられないナンバー1の、名前を掲げないで自然体で楽しく農業をするためでもある。あるとき友人の農家の女性と畑でお茶を飲んでいるとき彼女が言った。

「結局自分が作ったものしか信用できないのよねー」

残念ながらじつに胸に染み込む言葉だった。

いかがですか？　あなたもいっしょにお百姓さんになって自分で作りませんか？　もっとも前掲のH、I、M、Oさんのような生活を犠牲にしたやり方でなく、もっと自然体で農業を、そして人生を考えた方がよいかもしれない。日本のGNPが世界第何位と言われて嬉しい人は止めた方がよいかも?!　農業は新しい価値観の創造だから。

♠新規就農者は農薬や化学肥料を悪の象徴だと思っている

給与生活者から農業に転身する人びとのほとんどがそうであるように、私もまず書籍で情報収集した。

そして情報を書籍から集める場合、先行する脱サラ就農者の手になるものは多くの場合「有機農業」または「無農薬無化学肥料」という味付けがなされている。その結果、脱サラ就農者はほとんど例外なく化学肥料や農薬を用いるのは「悪」で、自分が就農したら「善」で農業経営ができると錯覚してしまう。

その主な理由は、それらの出版情報のほとんどが農業生活のアマチュアによって書かれたたか、これも例外なくそれらの情報が「定量的」でないことによる。

いわゆる精神論であったり感情論であったりで、科学ではないことによると思う。そして、その「悪」を作り出してしまったのが自分を含めた現代人のライフスタイルや生活における要求水準であり、我々が組み込まれた税や保険などの制度であり、かつもはや取り返しがつかないところまで破壊し尽くしてしまった「自然生態系」によって不可避的に受け入れざるをえなくなっていることには思いがいたらない。

私も就農前に読んだ福岡正信氏の『無Ⅲ自然農法』や『わら一本の革命』に感動した。それでも、私がその「善」に埋没しきれずにいまでも農業一本で田園生活を「文化的水準」を落とさずにいられるのは、就農直前に氏の奥様から「有機農業をめざすのは、まず普通の農業で食べられるように努力し、そのメドがついた後にしなさい」と諭されたからであった。それでも氏の粘土団子によるコメづくりは就農後何年も頭から離れなかった。

スリップスや葉ダニなど虫が見えるようになるには三年かかる

初めは虫が見えない。気がついたら葉をみな食べられていたとか、樹に穴があいていたなど、気がついたときには手遅れ状態まで個体数が増えていることが多い。それでも虫は見えやすい。いずれは見えるようになる。しかし、病原菌や病気はなかなか見えない。種類も多いし、生理障害とも見分けがつかないこともある。そのうち「幽霊の正体見たり枯れ尾花」などという混乱にも陥る。しかし「有機農業の町」に来たんだから、なんとかしたいという気持ちで試行錯誤を繰り返す。

♣忌避植物

そんなとき「忌避植物」という言葉に出会った。虫などがその植物の発散する匂いや分泌物が嫌いで逃げ出すという意味らしい。初めてねずみを捕まえた子猫のように興奮した。これが解決につながるかもしれない!

以来、いろいろなハーブの苗を取り寄せて野菜の畝間に、それでだめなら株間に植えてみた。しかし、有意差ありと認定できるほどの飛躍的効果は認められなかった。きっと忌避植物の有効範囲が狭すぎるにちがいないと思った。そこで翌年は畝間、株間の他に畑周囲の畔全体に一定間隔で各種ハーブを植え、ぶどう園内にも五メートル格子状に植えてみた。しかし、この方法は畔やぶどう園内の雑草管理を困難にした。草が立ちすぎたとき定植した忌避植物だけ残して草刈りをすることが作業の能率を著しく低下させたのである。そのうえ目立って虫の害が減ったと感じるまでにいたらなかった。そろそろ苗代や定植・雑草管理の労働時間など「忌避植物プロジェクト」のコストが重荷になってきた。しかし途半ばでやめられない。次の年はマリーゴールドの種二リットルを買って二〇〇〇平方メートルの畑に播いた。これで私の圃場の周辺は、この匂いで充満するだろう。が、この香りが好きな虫もいた。ならばと三種の忌避植物の種を混ぜて混植しようと翌年は別の二〇〇〇平方メートルに播いた。しかしぶどう園の虫が減るわけでもなし、病気も相変わらず、隣の畑の野菜にも虫は来た。疲れたー！　私のような零細百姓ひとりがいくら頑張っても自然は変えられないんだと結局納得せざるをえなかった。

防虫ネットのトンネルによる外界との遮断

農協と有機農業開発センターが薦める手法はもちろん確かめた。いくつかの方法のうち、もっとも合理的に思えたのは大型トンネルのうえに目の細かい防虫ネットをかけるというものであった。

◉白菜とキャベツ畑の防虫ネット

＊白菜とキャベツを植えた畑。この畑だけで16000株植えられている。真ん中に防虫トンネルで覆った区画がある。有機農業登録圃場の標柱が立っている。

まずキャベツや白菜を定植し、その上から大型トンネルを設置し、ネットを被せて周囲を完全に土で埋め、外から虫が侵入できないようにする方法である。素晴らしい方法に思えた。が一カ月もするとネットのなかにはたくさんの虫たちが飛び交っていた。ネットの外より圧倒的に虫の数が多いのである。それはネットのなかで繁殖しても自然界に拡散できないからであった。

彼らはいったいどこから来たのだろうか？翌年、きっと購入苗について来たにちがいないと思い、内緒で苗を消毒した。しかしその年もネットのなかは虫かご状態になった。一〇アール四〇〇〇株を定植した後トンネルをかけ、それをネットで覆い、周囲を土で埋めるまでの数日間に虫がついたのかもしれない。さらに翌年は苗の定植、トンネルかけ、ネット被覆、周囲土埋め後にトンネルの上からネットを通して消毒してみた。それでもトンネル内は虫の競演だった。

……結局彼らは土のなかにいて、苗を定植した後から地上に上がってきて苗を食べ、繁殖していることがわかった。これを防止するには土壌消毒をしなければ防げない。が、そこまでするなら、栽培期間を通じて農薬をかけまくった方がよほど害も少ない！　一〇アール四〇万円のトンネル・ネット資材はいまも倉庫の肥やしになってスペースを食っている。

4　農業の常識のウソ、ホント――産地モノには注意！

農業の世界の常識は、その半分は間違いかまたはなんらかの間違いを含んでいる。私は就農以来、農業に関する教科書や雑誌で知識を得、現場で検証してきた。その結果、たどり着いた結論が冒頭の**「半分は間違いルール」**である。

問題は、間違いを多くの場合、農業改良普及所や農業試験場、さらにはマスコミが後押しして、その間違いを真実に見せかける手伝いをしていることだ。

ここではその一端に触れる。

キャベツで就農時好スタートを切った。しかし……

脱サラ・就農した最初の年、就農前のシミュレーションに比べ多くの労働でより少ない売上しか上げられなかった作物のなかにあって、予想に反してより高い売上と収益性を確保したのがキャベツであった。

たまたま需給がタイトな年に当たったためである。素人は危うい。それに気をよくして、翌年二〇アール、次の年四〇アールと栽培面積を拡大して作付けが六〇アールになったとき市場価格が暴落。ダンボール箱代も出なくなって、収穫せずにすべてのキャベツをトラクターのロータリーのもとに鋤き込んだ。このキャベツづくりから私は多くを学びそれ以降の農業経営と多くの意思決定に重要な寄与をしたと思う。

学んだことは、野菜における労働負荷と装備率（機械化）の関係、品種特性と病害虫の相関、栽培時期と防除要求、農薬特性と効果、系統―市場依存と経営リスクなど多岐にわたった。おそらくこの失敗経験とその評価がなかったら現在の快適な百姓生活はなかっただろうと思う。それと同時に周りで多くの助言と知見を与えてくれた先輩や友人、指導機関の方々に感謝している。就農一四年目のいま、農業の世界も専業農家としての立場と目で少しはわかったような気もした。

♣ＮＨＫがこんな番組を流したら世の人たちは勘違いしないか？

二〇〇三年一〇月一八日夜九時のゴールデンタイムにＮＨＫスペシャル「農薬は減らせ

るか――大キャベツ産地の挑戦」というTV番組を見た。報道特集番組でキャベツ産地が農薬半減にチャレンジすると謳っていた。

私も前項で少し触れたように苦労した経験があるので興味深く放送を待って観た。……「あ、あー!」あいた口が塞がらなかった。驚いたというよりもショックを受けた。番組を一生懸命作っている人たちとも、その減農薬キャベツを買っている消費者とも、さらには取り組んでいる生産者とも私が認識を共有する部分は皆無だった。もちろんその減農薬を指導している機関と共感する部分などあろうはずもない。番組のエンドクレジット画面に手にした冊子を投げつけて「あんたら間違っちょるー!」と叫んでしまった。

私はまったく日本の農業もその環境もわかっていなかったのだろうか? すぐこの怒りを伴った感情を食と農のミニコミ誌『雑報・縄文』に投稿しようと思った。しかし、向こうから認識不足はお前だろう! と逆に矢や鉄砲が飛んでくるかもしれないから少し頭を冷やしてから書こうと思い直した。そしてここに、記憶が薄ぼけてもなお変だと思う要点を整理することにした。

前提として私も有機農業はいまは行っていない。農薬散布も認めるし自分も行っている。自宅に農薬庫も持っている。だから私は専業農家として、そのキャベツ産地の側に立っていると思って番組を見ていた。しかし彼我の距離は埋めようもなく離れていた。

報道と私の認識の相違点は以下に要約できると思う。

一．キャベツは生で食べる野菜という認識があるか？

キャベツは玉をざくざく切って豚カツに添えて生で食べる野菜である。巻いた葉を一枚一枚剥いて水洗いする人もいないし湯通しして食べる人も少数派だ。したがって葉が巻き始めてからの防除回数をいかに減らすかが重要だし、巻き始めた後で防除しなければならないときは薬に何を使うかが重要だ。

しかし、番組では種の消毒を一回からゼロ回にするとか、苗の消毒を三回から二回にするなどの議論をしている。私に言わせれば種の消毒など必要なら一回から二回にしてもよい。苗も三回を六回にしてもよい。消費者の口に入るという意味での結果には、なんの関係もない。葉が巻き始めてからの防除をいかに減らし、やむをえない場合でも残留性の少ない農薬に置き換えていくかが要点のはずだ。

二、必要なら無制限に農薬防除するのか？

その産地のおそらく平均的な生産者は九ヘクタールの面積で年間五〇〇万円の農薬を使っているという。なんという恐ろしい数字だ。我が町のＪＡの農薬庫より大きそうな、足の踏み場もないほど満タンな農薬庫の真ん中に立った彼は防除回数三九回から一九回に減らすチャレンジをするという！　周りも歓迎して頑張れとエールを送っている。誰も彼の「よって立つその場所」がおかしいと思わないのだろうか？　あなたは一九回も消毒したキャベツをより安全だと言って食べますか？　私なら一〇回でも食べない。比較にならないのかもしれないが宮崎は該産地よりも気温も高いし、降水量も多い。したがって湿度が高く、一般的に虫も病気も多い。それでも私がキャベツを栽培したとき定植後の防除回数は多くとも三〜四回だった。宮崎では比較的作りづらい果樹中心の経営形態になったいまでも、栽培面積は小さく一・三ヘクタールだが、農薬庫の中は石灰硫黄合剤やボルドー液それに展着剤など等ノーカウントの資材を除けばダンボール箱ひとつに納まる。

三．間違いの始まりは農水の大規模産地政策、マスコミはその間違いを後押しするな！

ここからは私の想像だがその産地は地域上げて長年同一作物を大規模に作り続けたために土壌は下の下まで線虫だらけ、圃場も集落も町もその地域全体が長年の繰り返しでキャベツを好む病原菌や害虫の一大集積地になってしまったのだろう。大規模化と連作は自然生態系のバランスを指数関数的に歪ませてしまう。もはやそこでキャベツを作るということは、納豆作りの室のなかで清酒の麹を育てるような、不可能な環境になってしまったのだろう。

その地域はキャベツの生産を止めるべきだ。畑も原則輪作しなければ自然にあがなうことはできない。**産地も同様にローテーションすべきだろう。**

5 後継者について

まだガンガン仕事をしたいのに、農業政策上の縛りで思いのままに働けない、老いてなお盛んなお百姓さん。

新規は就農したいが土地というハードが個人所有であるために、遊休農地がたくさんあるのにチャレンジの機会を狭められている若い就農希望者。

農業の後継者問題は政策の貧困にも行きつく。

♣農業経営も農政運営も凡才の独擅場か？

農業の現場にいる人びとはみな跡継ぎのことで悩んでいるらしい。

とくに近年、農業の地盤沈下が著しく、３Ｋきつい・汚い・危険とマイナスの側面が喧伝されると、みなサラリーマンの方が間違いなく金が取れるからよいと思い始めたらしい。植木等さんが「サラリーマンは気楽な稼業ときたもんだ」と歌ってからは、タイムカードを押しさえすればお金をもらえると世の人びとに勘違いさせたようだ。

周りのお百姓さんと話してみると、みなほとんど騙されるようにして農業者年金とやらに加入させられていて、そろそろもらえる年齢になってきたころに、なにやら雲行きが怪しくなってきた。払ったお金が返ってくるかどうかヤバイ！　その上、跡継ぎがいなければ払わないとか、跡継ぎに経営を渡して自分はいまだ一線でばりばり仕事ができるのに二・三歩引いて仕事をやりすぎたらいけない？　など何を伝えたいのか訳がわからないような政策が目立つ。

アフガニスタンで、戦後処理新指導部を決定するプロセスで農業相に指名された北部の将軍のひとりが「外相を想定していた、農業相なら新政権に参画しない」と席を蹴ったが、世界どこでも農相は「スカ」が担当するポストということか！　宮崎あたりの百姓が一番できの悪い息子に「お前は馬鹿だから学校は諦めて百姓を継げ！」と強制してなんとか農業を続けているのを見て嘆いていたが、それが「グローバル・スタンダード」だったんだ！　田中真紀子さんに農相をお願いする時代が一〇世代ぐらい続かないと、日本の農業もその本来の重要性をまっとうできないのかもしれない。

♠バブル崩壊で企業のモラルは地に落ち、給与生活者の地位も揺らいだ

一九九〇年二月二一日のバブルの崩壊（私の就農から七日後）で植木等が「サラリーマンは気楽な稼業ときたもんだ」と歌ったサラリーマンの地位は地に落ちた。「タイムカードを押していれば」どころか、一生懸命仕事をしていても解雇される。社内にリストラ旋風が吹き荒れると椅子取りゲームよろしく、ほかの人をはじき出して自分が生き残ろうとする奴が増え、サラリーマンにとって会社は針のむしろとなる。その結果、この六、七年で百姓になりたいとメールをくださる方が増えた。

しかしいまだ発想は前向きではなく、会社の人間関係から逃げたいという動機が目立つ。その状況ではたとえ就農者が増えても、農業界は産業界の姥捨て山になるだけで喜べない。

一方、企業の側もバブル崩壊でそのモラルは地に落ちた。私は就農前、一流企業にいた。一流とは大きさではない。モラルの水準である。取引先もすべて一流企業だった。お互いに自分の失敗を相手企業、ましてや従業員に転嫁したことはない。ここ宮崎に来て、バブル後のゆえか、周りを見ると大小取り混ぜて三流以下の企業が最近なんと多いこと

か！　事業を継続する意思があるのに一度会社をつぶして再雇用を条件に退職金の辞退を迫り、再雇用時は給与を大幅にカットして人件費を節約する会社。従業員や取引相手に自社の商品を大量に、その強い地位を利用して押しつけ販売する会社。行政も保証を付けるような素振りをして国民と県民の税金をつぎ込み、三〇〇〇億円ものムダ遣いを後押しして当然の帰結として経営が回らなくなると、その三〇〇〇億円つぎ込んだ企業を二〇分の一の一五〇億円以下で外国企業にたたき売りしてへいちゃら！　その外国の一流との触れ込みの企業も、上記の例に倣って全員を解雇してコスト・セービング！　行政に次いで責任の重いメインバンクも、本来我々に預金金利として払うべきお金を、政府と結託して金利水準を不当に低く抑えて預金者全員から少しずつかすめ取り、大量の債権を放棄する。このお金は我々のお金で、銀行の経営者が勝手に使うことは許されない。本来我々に承諾を求めるべきだ！　私はその大銀行に三五年間開いていた口座を今回閉じた。水飲み百姓にも五分の魂！　許せない！　怖いのはこのような大銀行から行政、企業まで巻き込んだモラルハザードの雪崩現象が若い人たちに伝染して世の中のモラル水準がどんどん低下していくことである。

一流のモラル水準を守ろうとする人は、もはや化石的人種として忘れ去られるのかもしれない。

世襲に頼らない後継者への経営委譲はなるか?

農業情報利用研究会誌『農業情報利用第三二号』の記事の末尾に「私の夢」を書いた。長くなるのでその一部を引用する。

＊

三番目のテイクオーバープログラムはいわゆる我々の農業経営を土地／施設／大植物／ノウハウ／顧客ベースすべてまるまる引き継いでTOBしてくれる家族を捜すことである。元首でも政治家でも、もちろん農家も従来最大の弱点は世襲にこだわることであった。我々は全国からもっともふさわしい若いカップルを捜し出して、我々の経営にとって最大の財産である顧客ベースを大切にしてくれるよう委譲するつもりである。インターネットがその移行をより容易にしてくれる。そして我々は次なる第三の人生を夢に描いて飛翔する。

＊

この夢の可否は別にして、農業経営における資産は、もはやハードではないと思う。土地は大量の輸入農産物と五〇％に迫る減反で余りに余っている。農業政策インフラがないに等しいということである。私の経営でも一番重要な資産は顧客ベース／栽培技術資産／経営ノウハウなどのソフトベースである。土地は家の側がよいが、基本的には他の土地と交換可能だし、ハウスなどの施設も大植物も置換可能である。もし農地が個人所有でなければ、栽培計画を立案し、承認されれば誰にでも土地を無料・無期限に貸与されるなら、モラルの低下した産業界から大量の労働が敷居の下がった農業分野へ移動してきて、世襲にとらわれない快適で持続可能なライフスタイルが実現しやすくなるような気がする。

第3章　理想のライフスタイルを手に入れた

サラリーマン時代、ストレスに耐える対価として給与を貰っていた反動というわけではないが、田園生活者になって何が変わったかと言ってこれが一番大きい。ストレスがまったくないことだ。

精神的にきわめて健康になった。サラリーマン時代にした馬鹿がなければ一〇〇歳までも生きられそうだ。

自分の判断ミスでする失敗は「俺って馬鹿だなー」と思うだけでストレスにはならない。情報不足はたんに自分の勉強が足りなかっただけだ。台風や日照りや長雨は自然現象で与件であり、ストレスの要因ではない。自分の存在そのものも含め神のなせる業である。自分の存在にストレスを感じることなどあり得ようか。

この章は、悠々自適、ストレスとは無縁の日々を綴ったものだ。

まさに晴耕雨読。農業とはほんとに楽しいものなんだ。

1 毎日が土曜日

一〇月、ぶどう狩りが終わった九月上旬に続いて、農作業は各ぶどう園と果樹園に「どうもご苦労さまでした。来年もどうぞよろしくお願いします」という感謝の気持ちを込めて、お礼肥《ごえ》（収穫の終わった直後の果樹に与える肥料。「生り疲れ」と呼ぶ樹体内養分低下を補い、秋の休眠前養分蓄積を後押しする）をかねた元肥を入れた。貝化石やゼオライト、EMボカシなど全二七六俵と軽トラックの回りをコンパネでかさ上げして山盛り一六台、八トンの堆肥である。

それ以降は、そばの収穫や小麦の播種、第二果樹園の苗植えなどほんの少しの仕事を除けば年末までもっぱら研修やら充電で時間を過ごしてきた。しかし、最近は過充電気味になってきたので、少し早いがぶどうの剪定でも始めようかと考えた。

だが待てよ！　このまま次の仕事を始めるのは何か物足りないなー。そうだ！　一発花火を打ち上げよう！　と考えたのが、久々のポトラック・パーティーである。何か一品手料理を持って、次の次の土曜日の夕方家族全員で集まれー！と周りに声をかけてみた。

❦手づくり、手づくり、全部手づくり

年の瀬の慌ただしいなか、忙しい忙しいと走り回っているサラリーマンの諸兄諸姉には申し訳ないが、そこは百姓の自由気ままな属性！

何人ぐらい？　二〇人か二五人か？　場所は？　家では狭いからぶどう園の前の直売所のビニールハウスのなかでやろうか？　寒いかもしれないからストーブをかき集めようかー？　でも人間が二五人なら一人五〇ワットとして一二五〇ワット、いや酒が入ったら一人の発熱は一〇〇ワットで計算してもいいいんじゃない？　……と熱収支計算まで飛び出してくる始末。

我が家の変人パーティーの参加者は一筋縄ではゆかぬレベルの高さで、普通の水準では納得しない。……じゃあ私はその日農休日にして午後から飾りつけをしてあげるー！　じゃあ僕はそばを打つから粉をひいてよー。……私はアワ餅をつくわー。……とワイワイガヤガヤ昼間からパーティーが始まる騒ぎ。多少熱を下げるため地のフッーのお百姓さんも

二家族呼んだ。

しかし、このポトラック・パーティーはどんどん加熱し続け、結局「割り箸は使いたくないからと私の桃の剪定屑を何日も前から削って三〇膳もの手づくり箸を作る者」「紙の使い捨て取り皿は使いたくないと、炉の中で曲がって売り物にならない皿を山のようにもち込む者」、「参加者全員にそばのドンブリをプレゼントすると一週間以上前からカスタム・ドンブリをそばと、ぶどうと、桜の上薬でひねって焼く者」、「雰囲気を盛り上げようと兎さん、狐さん、狸さん等のボール紙のかんむりを全員の分夜なべ仕事で作る者」、「参加者のおみやげにと昼間都会人向けに良品を出荷した後の、割れや股やらのニンジンを山のようにコンテナーでもち込む者」、「出荷規格に合わないいろいろな花をたくさん束ねてすべての家族に花束プレゼントをしようと山のような花束をバケツごともち込む者」、等などもはやコントロールは私の手を離れた。我が家ではいちおう残り物の始末はしたくないから「人間バッグ」用に塩化ビニリデンでない、ポリエチレンラップを用意した。

🍇参加自由のベジタブルパーティー

ときならぬ綾の畑のなかのベジタブルパーティーは「とーがんのスープ」「合鴨鍋」「洋風茶碗蒸し」「全粒粉天然酵母ピザ」「ラザニア」「おでん」「パスタ入りトン汁」「紫芋のプディング」「クリスマス用特製ケーキパン」「アップルパイ」「自家製ロゼワイン」など、参加者の数ぐらいの料理が集まった。

みなおのおのまず家族を紹介し、次いで持ってきた料理と作り方を説明した。おみやげ用のドンブリと取り皿そして桃のカスタム箸をしっかり握りしめて、みなあっちでもこっちでも熱く語り合った。今年の作は……、来年は……、日本中の市場にどう品物を分散して平均単価を高めているか……、頂点培養で育種をどうスピードアップしたか……、普通二〇〇円の廃鶏をいかにして一〇〇〇円まで付加価値をつけるか……、いま一個四三円で売っている卵の付加価値を来年一月からいかにして五〇円までアップするか……等など。おじさんやおばさんたちが狸さんや兎さんの冠を被ってクリスマスソングのメドレーに熱中する中、参加した子どもたちは満天の星空のもとでキャーキャーと楽しそうにハウスの前を走り回っている。みな幸福でイッパイになった。夜八時半ごろ、中締めのタイミングを図っているころ、電話！　……いま宮崎市民ホールにいるんだけどー、コンサート終わったのでこれから家族四人で行くから終わらないで待っていてー。気がついたら知らない人がいる！　沖縄から来た土壌微生物の専門家とNHKの新人ディレクターとか。その彼らに、「これ記念に持って帰りなよ」と勧めている人がいる。（心の中で）ヤメテヨー！ホストに断りなく！　俺だってそのドンブリ欲しいんだからー！　そして楽しい楽しいポトラック・パーティーは終わった。

ゴミを残さない、食い物は捨てない、私有の境界すら曖昧！

妻は途中で屑ニンジンを一〇本ほどごみ箱の中に隠した。しかしドンブリも取り皿も桃の箸も一本も残らず、我々の分までなくなった。うちの仲間達には「もったいない」という言葉の方が「照れくさい」や「恥ずかしい」という気持ちよりも重いので、サラダボールのドレッシングの底に沈んだ野菜まですくって持って帰ってくれた。野菜を作る苦労はみんな知っているから。妻は綾町の工芸家たちが作った秘蔵の盛り皿を両手で押さえて「これはダメー！」と叫びながらみなと別れのときを楽しんだ。静けさが戻った後、午前二時ぐらいまで、後片づけや洗いものを手伝いながら、妻の愚痴を聞いた。あれも食べたかった、これも気がついたときは一口も残っていなかった、盛り皿を押さえている間に誰かが気に入っていたサラダスプーンを持っていっちゃった等など。ガッハッハッハー！　うちの仲間たちはタフだからなー。補助金なんかに寄りかかっている奴はひとりもいないからなー！　本当に幸せいっぱいな一週間だった。

都会の人たちにこんなお金のタカでは計れない幸せな生活を教えてあげたいなー！

年の瀬、田舎風忘年会

パーティーの後一〇日ほどして、別のグループの仲間から電話。「一二月三〇日にあなたのハウスで年越しそばパーティーをするから、午前一一時に集合する！」こっちの都合なんか聞かない！　もっとも都合なんてモノはないが。……で、僕は何をしたらいいの？……石臼と玄そばを用意して。後はこちらで用意するからー。今度は皆おのおの箸とドンブリ持参でやって来た。またまた粉をひく者、そばを打つ者、大根を畑から引いてくる者、餅をついてカラミ餅を作る者、クレープを焼く者など。田舎は噂が早いからなー、うちのハウスは狙われているな！　大晦日、除夜の鐘を合図に綾神社近くの仲間の家に寄る。いっしょに参拝してお参りの前後に語り合う習わしである。なぜか私の尊敬する変人、綾町の農業委員長氏も毎年同席しているので話題は農業経営環境分析になることが多い。妻と私の前にごつごつして不格好なあの桃の箸が出てきた。大切に使ってくれているんだー!!

新しい年が急にバラ色に思えてきた。

今日一日の仕事は？　そしてその手順は？

ある大晦日のひしひしと幸せを感じる一日を追ってみよう。

朝七時一〇分布団のなかで二〇世紀最後、一日の仕事の手順に思いをめぐらす。百姓になる前からの習慣である。

七時一〇分でまだ布団のなかにいるのは超恥ずかしい！　週休四日制は人間を駄目にする。

最近は、毎朝起き抜けに車庫のスイングドアー二枚のスイッチをまず押す。これが閉ま

◉コムシャック

＊地下室建設の翌年、地上部にコムシャックを建設した。農業委員会への申請は地下が農産物貯蔵庫、一階が製粉舎とした。実質は近隣農業者との交流施設で地下1階、地上2階、薪ストーブや自在鉤の下がる囲炉裏などが幅を利かす。屋根は南向き30度に作り、ソーラーパネル実装を想定して建て、04年に発電を開始した。数年内に家のエネルギー自給が完成する。

っていると、すでに圃場に出ているお百姓さんにどこかに遊びに行っているか、まだ起きていないか、いずれにせよあいつはぐうたらだと思われる。私も結構見栄っ張りなんだ！

家の前のコムシャック（COMMSHACKつまりcommunication shack、**交流小屋**という感じの私的造語、交流施設兼粉ひき小屋兼農産物地下貯蔵庫）の鍵を開け薪ストーブに火を入れる。今日一日の仕事場である。芋の煮っ転がしと餅三個をメインディッシュにした朝食を取る。横の椅子にガンマとデルタ（我が家の猫）が正座して海苔をねだる。

今日は年末だし、畑の仕事ではないので着替えは着物にした。それでも少し仕事があるので袴は「セル」の普段着にして白足袋に白い鼻緒の草履、たすきかけをして、まずキビの製粉、ついで八幡小麦の製粉をした。普段は小麦は全粒粉にするが、お正月だから特別気張って六〇メッシュでふるった（事後談だが、全粒分の方がはるかに美味しかった）。電動石臼を回しながら昨日ついたばかりのカバシコ（餅香り米）一〇〇％のノシ餅を切り、カバシコ餅に海苔とゴマをたっぷりと塩〇・八％を入れて作った「かき餅」を薄切りにし、ストーブの上で焼いてかじりながらフルイを扱っている。おいしーい！　幸せー！

小林の果樹農家のM君から電話が入る。一〇日前、顧客簿が動かなくなったと青くなってパソコンとプリンターを車に積んで押しかけてきて以来である。正月三が日に友人とパソコンを習いに来たいという。「いいよ！　最新の肥料設計を教えてやるよ！」と言うと肥料はいらない、デジタル写真を教えてと言う。私の肥料設計プログラムはN、P、KのほかにMg、Caも算出し、有機率から目標価格まで、さらには施肥によるPHのずれまで求められる「ノンストレス施肥」対応なんだがなー！　残念、誰も興味を持ってくれない！

🍇年を越せることへの感謝の念を万物に伝える

製粉器に小麦をたくさんセットして、その間「お供え」を供えることにした。納屋や車、トラクターや果樹園や第一、第二ぶどう園にそれぞれ二段重ねのお餅に蜜柑を据えて手を合わせる。一年間不十分な天候でも、不十分な手入れでも精一杯仕事をして我々を助けてくれてありがとう！　感謝します。来年も頑張るから、応援してください！　と八百万の神々にお願いしつつ頭を垂れた。トラクター、これは私の使用時間より、友人の使用時間の方が長かったが、でも一度も故障しなかった。ぶどう、これは予算を大幅に下回った。でもそれは過去一〇〇年の天候をスタンダードにするからで、今後一〇〇年の天候で考えたら最高のできだったんだ！　ありがとう!!　政府だって八〇年代のバブル経済をスタンダードにして不景気だ、需要の低迷だと言っているが、今後日本が置かれる消費税二〇%、国債の暴落と一〇〇〇%台のインフレーションのことを考えればいまが超好景気だと気がつくはずだ。問題は産業構造と分配だけなんだから。

小作料を払いに行き、そば打ちにも挑戦

小麦の製粉を終えたら、次はそば粉ひきである。これがないと年が越せない。玄そばを手の平でもみ、フルイにかけてゴミを落とし、石臼にかける。なんとかお昼までに終わらせ、食事前に小作料を払いに行った。毎年大晦日の習いである。私の友人のなかには年間一〇〇万円もの小作料を払う者もいるが、私は耕作している一三〇アールのうち、借りているのは約三五アール程度である。畑用灌漑用水の設備付きで一等地が年間小作料三万円（毎年四万円持って行くが三万円しか取ってもらえない）である。江戸時代から戦前までのお百姓さんはこんなに小作人が優遇される時代が来ることを想像できただろうか？　一坪当たり年間小作料三〇円弱で畑灌費用は地主持ちである。私はこの土地をただで借りている計算になる！　その上地主さんは自分で栽培しているキュウリとお餅をたくさん入れた袋をお土産に用意して待っていてくれた！　胸一杯の感激をもらって家に帰ると、花を作っている友人が、お花や何やかやをいっぱい持ってきて今夜の元朝参りを誘いに来てくれていた。

昼食後はふたたびコムシャックでカバシコかき餅をストーブの上で焼きながらそば打ち

◉そば粉ラベル

そ ば 粉

１０年以上無農薬無化学肥料の畑で自家栽培したそばの粉です。含まれる水分を１４％に保ち地下室で定温貯蔵して製粉したばかりの、味を保つ工夫をした貴重な粉です。　どうぞおためし下さい。　原産地　宮崎県綾町
品種　ﾐﾔｻﾞｷｵｵﾂﾌﾞ　重量 400gr　NO３３１
葡萄園スギヤマ　￥５００　(税込)
住所　綾町南俣2406-4　電話：0985-77-0079
製粉日　消費期限

＊道の駅で売るときの表示。ほかの生産者たちが収穫するとすぐ販売を始めるのに対し、収穫後10カ月地下室で眠らせてすき間市場を狙う。すぐ販売開始すると10人ぐらいの生産者が競合しつつ売り切るのに７カ月間かかるが、私の場合、付加価値25%を上積みしても、たった一人、競合なしで１カ月半で売り切れる。

◉小麦の粉を販売する時の表示の一例

石臼ひき全粒粉

(皮ごと粉にした小麦粉です)　外包装:PE
無農薬無化学肥料で自家栽培した小麦粉です。てんぷら、お好み焼き、だご汁、ケーキ作り等にお試し下さい。石臼で製粉した粉が一番美味しいと言われています。栄養たっぷりの健康食品です。
原産地：宮崎県綾町　重量 500gr　NO３３１
葡萄園スギヤマ　￥４００(税込)
住所　綾町南俣2406-4　電話：0985-77-0079
製粉日　消費期限

＊ほかの生産者の小麦粉と比べ、単価で倍、付加価値は8倍ぐらいで売っている。どんな製品もいかにして最大の付加価値を付けるかを考え、すき間市場を探し出そう。

に挑戦した。アマチュア向きの熱水つなぎによる二八そばである。そば粉の玉を友人の手になる楠のこね鉢にぐいぐい押しつけていたら、この素晴らしい人たちに囲まれて平和な田舎暮らしができる幸せがこみ上げてきて、急にこの気持ちを書きたくなった。そば玉の寝かし時間に裏が無地の折り込み広告用紙をかき集めてきて書き始めた。でもこの幸せは表現しきれない！　仕方がないから一日の出来事を列挙するだけにしよう。

シャモがネギといっしょに来た

インターフォンが鳴った。内線九八一番、七〇メートル先の桃の樹間にあるエントランスモニュメントに車が見える。A女史の明るい声が響く、「どこにいる？」、コムシャックでそば打ちしていると答えると、なにやら大きな箱をもってきた。ご主人が私に食べさせたいと烏骨鶏とシャモを潰してくれたという。私が脂質制限をしているので脂肪の少ない部位を私に、多い部位はNさんに持って行くつもりだとか。私の憧れる坂本龍馬はシャモが大好きだったのを思い出した。感謝の言葉はあまりにも多くのどにつかえて、「鴨にはネギがつきものだよ」と言ってしまった！　彼女は少しも慌てず「あそこの畑にニンジン、こちらの畑に長ネギ、白菜と大根は作っていないが、Nさんのそこの畑にあるからいくらでも取って食べて！」と。これだから！　私たちも就農当初は結構家庭菜園も一生懸命作っていたがいまはわずか六品種だけだ。なにしろ近くの畑が我が家の家庭菜園同様だから。ありがとう!!

二〇世紀最後のカウントダウン

夕食後、甘酒を炊飯器に仕込んだ。妻はケーキを作っている。明日の新春ホームパーティーの準備である。紅白を横目で見ながら、手打ちの年越しそばを食す。「蛍の光」を聴きながら一装に着替え、町主催の新世紀カウントダウン会場のサッカー場へ。花火や、レーザーショーや、鏡割りに乾杯などの後、綾神社へK氏と元農業委員長のT氏と連れだって参った。わずか一〇〇円の少ないお賽銭でてんこ盛りのお願いの後、K氏宅へお邪魔した。家族みんなで迎えてくれ、おとそで新春を祝いつつ農業を取り巻く時代環境について語り合った。お互い朝八時には地域の賀詞交換会があるので、午前二時に辞した。外は寒かったが満天の星々が雲ひとつない天空を突き抜けるようで気持ちよかった。妻と二人、空を見上げて思わず手を合わせた。ありがとう！

彼らの時間はゆっくり過ぎる

世の中、価値観が多様化している。自分の価値観と人のそれとは当然異なる。しかし、頭ではわかっていても、現実に直面すると当惑する。ここでは「農業で成功する・自由に生きる」という言葉の意味をいろいろな面から考えてみたい。

先日、K夫妻を夕食に招待した。ご夫婦ともに都庁の仕事を辞めて就農、脱サラ四年目のカップルである。ここ宮崎県綾町には脱サラIターンはもちろんたくさんいる。そのなかで脱サラ、就農、Iターン、変人、成功組という五項目を同時に満足するとなると我々二家族をおいてない。双方お互いに「あいつら結構百姓を楽しそうにやっちょる！」というぐらいのことで、私は果樹農家、彼は鶏飼いと業種？が違うので、相手の経営内容や考え方にさほど立ち入ったことはなかった。

が、その夕、九九％自給の全粒粉お好み焼きディナーを囲んで、彼の通常就寝時間を三時間も延長して語り合った結果、成功?! の定義のあまりにも大きな乖離に愕然とした。帰り際、彼らは我々を翌々日の朝食に招待した。今朝のことである。朝八時から一一時まで彼らのペースで「自由」に過ごした。

友人に朝食に呼ばれる

朝八時、彼の家に着く。奥さんが「いま起きたところなのよ！ ストーブに薪をくべたからここに座ってお茶でもどうぞ」と薪ストーブの側の椅子を勧めてくれた。ほどなくご主人が現われて奥さんに「どうする？ いっしょに行くか？」と聞く。「いえ、お米を研がなければならないから三人で行ってきて」とおっしゃる。我々なら人を呼んだら、着く前に必死で料理を用意する。しかし、彼らは違う。奥さんはこれからお米を研ぐ。我々は柴刈りである。朝の陽が心地よい山道をたどって三〇〇メートルほど上手の彼の鶏小屋に行く。道すがら左右の土地や木々、すでに伐られた樹の株の由来などを聞く。鶏小屋ではソーラー電気柵のスイッチを切って、なかに入り、鶏たちを運動場に放してやり、しばらく彼らと遊ぶ。竹の樋にポリタンクから水を補給して、一〇〇メートル下手の次の鶏舎に。ここでも鶏と遊んで今朝のおかずの鶏卵を取り、小屋の周りの圃場を見る。彼はこの圃場から見る北西方向の照葉樹林の景色がこよなく好きだと言う。南側の綾北川面もきらきらと輝いていた。この鶏小屋の周りには桑畑、小麦畑、栗畑、そして梅畑がある。

彼はこれらの畑を三〇〇坪当たり三〇万円で買ったという。その下の細長い、いま満開の梅畑は三〇〇坪一〇万円とか。私は果樹専業の出番だとばかりに、剪定はどうしてる？と聞くと、したことはないし、仕方も知らないと言う。何にもしなくても梅酒に浸け、梅干しを浸け、知人にプレゼントし、十分に楽しんでいるという。帰る道々、私の妻と私は道端の杉の小枝をそれぞれ数本ずつ拾った。家では奥さんが研ぎ終わったお米を羽釜に入れて待っていた。

おこげをおかずにご飯を食べる

持ち帰った杉の小枝をK君はぽきぽきと折り、かまどにくべやすくして詰め込み火をつけた。奥さんが羽釜のふたにそばの小石を押さえに乗せた。お焦げは好きですか？と言うので、少しのお焦げを所望した。くつくつお米が炊ける音、しゅーしゅーと吹き出す蒸気に混ざったご飯の香り、やがてその蒸気も出なくなって、彼はここで最後のひとくべと言いつつ杉の葉の一握りを燃やした。ご飯がかすかに焦げる香りがした。もう九時半だった。薪ストーブのある土間の、朝陽が燦々と射す食卓に、おみやげに持参した私の手になる大根の浅漬けとみそ汁、生卵各一、羽釜飯が並んだ。「いただきまーす」とご飯の真ん中に箸で穴をあけて卵を割って放り込んだ。その上から醤油をたらす。K君が「えーっ。そーやって食べるのー?」とびっくりする風。

K夫妻を見ると卵を入れてあった器に割り、お醤油を垂らして一膳に半分ずつかけて食べていた。どんぶり茶碗だったから普段は一膳しか食べない私も今日ばかりはお代わりをお焦げつきで貰った。私は割り当て一個の産みたて卵を食べてしまったので、大根の浅漬けとみそ汁と、そしてご飯をおかずにご飯を食べた。おいしかったー!

彼は腕時計を持たない。体内時計で生きる

彼らの生活を聞くと、何もかも我々とは違っていた。彼らには予定の時間とか、予算とか、今日の仕事とかの概念はかなり希薄に見える。体の要求するままに起き、体の要求す

るままに働き、体の要求するままに休み、お互いに気の済むまで語る！　彼の畑の作物はみな肥料切れに見える。私が町の液肥は無料だから入れなさいと何度も何度も口を酸っぱくして言うが頑として聞き入れない。彼の鶏舎から出る鶏糞以外の肥料は入れないと言う。だって四反歩の田圃で二反歩分のお米しか取れないじゃあないですか！と言うと、それで十分だと言う。二人で食べきれないとのこと。でも彼らは音楽会にもお芝居にも、自然保護運動にも出場って活躍する！　それが彼らの価値観なのだ。

妻が後でしみじみとつぶやいた。私たちは労働生産性向上だとか、労働収益性アップだとか、労働時間短縮だとか言い、その結果、週休四日制を達成して悠々自適だなんて言っているけれども、あの人たちは私たちの三分の一ぐらいしか実質的に働いていないのではないかしら？　なのに三六五日自由気ままな山里の生活をしているんだわ！　羨ましいなー！　それでこそ田舎の生活よ！　私にはとても性格的に真似できないけれど、それができるヒトが羨ましーい！

我々はいくつもの圃場を呼ぶのにF1、F2（エフワン、エフツー）……F7と呼んでいる。倉庫はS1、S2、S3である。

K夫妻は桑畑の側の鶏小屋は桑の御殿、家の下の鶏小屋は茅の離れと呼ぶ。彼らは二匹の猫を飼っている。ムムとヒョウである。ムムは「むむっ」としているから、ヒョウはヒョウのような模様をしているからと言う。ヒョウはムムの娘である。二匹は野山を闊歩して、ダニやノミの巣である。我が家にも二匹の猫がいる。いずれもムムの長男と末っ子の雄でヒョウの兄弟である。二匹がK夫妻の家にいた六週間、長男はぐれ、末っ子はしろと呼ばれていた。色がグレーと白だったからだ。我が家に来て二匹には新しい我が家にふさわしい名前が与えられた。ガンマとデルタである。二匹は我が家で箱入り息子として一歩も外に出ることなく、大事に可愛がられている。ダニにも、ノミにも侵されず。

2　農村でうまくやっていくには

納税組合について

田舎には田舎なりの仕組みや習慣がある。

それが法律違反だろうが、前時代的であろうがとにかくその仕組みを受け入れ、その仕組みがたとえ不満でもそれを吸収、調和して地域社会の運営をしている。住民がその土地を心から愛しているから、地域社会がうまくいく。移住者がそのことに気づくには一〇年余りを要するだろう。

就農を決意し、調査、農業経営と生活のシミュレーション、予算措置などの準備をして、ここ宮崎県綾町にたどり着いたのは一九九〇年二月一三日早朝であった。役場が開くまで公園で時間待ちをしながら朝食をとり、まず転入手続きに行った。サラリーマン時代に転勤をたくさん経験した私としては、手馴れた作業だったが、ここでは初めての書類を突きつけられた。**納税組合入会申込書**というものであった。住民が自分たちで税金を集める組織なのだという。冗談じゃあない、税金を納めるというような基本的な義務は他人の助けなど借りずに自分でしますと入会を即座に断った。

しかし、そのときには知らなかったが、この件はそれほど単純な問題ではないことが次第に判明した。

田舎と呼ばれる共同体の利益は、プライバシーなど個人の利益に優先される

初めにこの件が再燃したのは四月、納税組合長が訪ねてきて「税の徴収に来た」と言う。驚いた！　彼は私の以前の所得から何もかもを網羅した私のプライバシー書類を持っていた。その気のよい組合長さんは私が何を怒っているのかわからず、当惑気味に関係書類すべてを手渡して帰った。私がその書類を持って役場に怒鳴り込んだのは言を待たない。

しかし、私が「納税組合には参加しないと書類を出したでしょう！」とか「あなた方の行為はプライバシーの侵害でしょう！」などと言っても相手の職員はまるで「パンダがかっぽれを踊るのを見る」ような目つきでパチクリさせているだけ。「蛙の面にしょんべん」というか「暖簾に腕押し」というか、プライバシーなどという概念など皆無の人に言って

もムダ、こちらが怒っているのがパントマイムのようで白々しくなった。

いまでこそ個人情報保護法やら企業内顧客名簿流出など、プライバシー議論が喧しいが、当時の田舎の行政の認識はそんなものだったのだろう。おそらく役場の担当者から見れば「土地改良区の水の費用」「健康保険組合」「国民年金」「固定資産税」「町県民税」など多岐にわたるお金の徴収を「地域の責任にして個人に圧力をかける」効率性には変えがたかったのであろう。しかし、その後も新住民が市部から移住してくるたびに住民が交代で地域内全戸の税などを集め歩く、この前時代的な、仕組みは議論の的ではあった。

農家住宅を建て、名実ともに地区住民になったはずだが？

就農して数カ月目、私が属している地区で花見をすることになった。全戸から何人でも参加してほしいという。飲食材費は納税組合の予算を当てるという。町が毎年各地区の納税組合に事務委託費の名目で支給しているお金が地区の種々の行事に使われているのである。やむをえず役員の方にお願いして、結果の参加人数でひとり当たり費用を逆算してる。我々夫婦だけ現金精算させてくれるよう頼み込んで参加した。毎年、いろいろな行事で役員に迷惑をかけるのは申し訳なかったが譲れない一線なので、わがままを押し通した。

移住して四年目、農業経営の先行きが明るいと判断でき、ここ宮崎県綾町を終の棲家と思ったので、思い切って農家住宅を建てることにし、ぶどう園に近い土地を探した。もっとも望ましい土地から始めて次々と交渉決裂、五番目の土地が隣接の農地ともども約一五〇〇坪購入できるメドが立ったとき、最初のぶどう園前の土地が応援してくださる方の助力の甲斐あって買えることになった。それまで住んでいた快適な「狩行司」という地区から別の地区に移動しなければならない。移住先の役員の方々にその話をすると、それはありがたい、「きない！　きない！（来なさい、来なさい）」、大歓迎しますということだったが、私が納税組合に入っていないことが漏れ伝わるに及び、先方では会議を開いて協議し、我々には来てもらわなくてもよいと決した。その地区では自治公民館費から消防費などあらゆるお金を納税組合活動に統合していて、例外処理はしたくないのだろう。

なんということだ。ここに移住して最初の日にした決断が四年を経て住居の新築とともに「居住地区なし！」というきわめて居心地の悪い状態を作り出してしまった。どうしよう!?

やむをえず元の地区「狩行司」のみなさんに相談したら、一も二もなく残留を歓迎してくれたので、一戸だけの飛び地になるが引き続き旧地区に在籍する了解を得た。回覧板、各種集金、「ふれかた（広報伝達）」などなど、飛び地はお隣さんの迷惑になるが、背に腹は代えられずみなさんの好意に甘えることにした。

時は移って、納税組合も時代の流れのなかで住民の意識変化が進み、振り込み納税をする人が田舎でも増え、集金対象でない人でも組合に参加できることになった。それに合わせて、私もプライバシーを確保しつつ、納税組合の組合員になった。地区住民への私のわがままによる迷惑を減らすためでもあった。以降、我が家の行事参加費問題は解消した。そして我が地区「狩行司」では、納税組合の業務負担が大幅に軽減されるに及んで地区で納税組合長と自治公民館活動などを統括する班長を毎年選出することの煩わしさを減らすため、班長が納税組合長を兼任することになった。

ついに私にも納税組合長の役が回ってきた！

そして二〇〇四年度、移住一五年目にして私にその班長が回ってきた。

四月初め、各種伝達事項とこれからの行事予定、区費の集金などで妻と二人で地区の二五ある各戸を回った。妻と二人で作業を分担したりすることがあることと地区に対する認識を共有するためであった。そして改めて我々の所属する「狩行司」が素晴らしい人びとの集まりであることを実感した。体調を崩して普段出歩かない人の家でもわざわざ玄関口に出てきて、「珍しい、上がってお茶を飲んでいきない！」と懐かしがってくれ、「もう何年になりますか？」と問われる。あがり框に両手をついて「今度班長さんをやってくださるそうですね、一年間お世話になります」と挨拶され、「区費を集めるのも大変でしょう、四月分といわず一年分まとめて払います」という人も多かった。涙が出そうになるほどにみなの優しさや思いやり、協力的な姿勢に感動した。班長やら納税組合長をして始めて実体感できた「狩行司」住民皆の愛情と素晴らしさであった。私のいままでの態度は間違っていた、こんなにも素晴らしい人たちに**都会人の感覚で苦痛を与えてきた**んだという悔恨の念はぬぐえなかった。妻と二人一晩で回る予定が四晩かかった。その後も行事をするたびに住民の優しさと協力的な姿勢に打たれた。ありがとう、狩行司のみなさん!!

農村でうまくやっていくコツ

私たちは町に住むと知らず知らずのうちに体の周りに防御の網を張りめぐらしてしまう。満員電車のラッシュアワー、会社など組織内での軋轢、住宅地も安全地帯ではない。そんなハリネズミのようになった人間が、その防御姿勢のままに田舎に移住すると、赤子のような防御能力しか持たない田舎の人はいわれなき攻撃に傷ついてしまう。移住者も都会の基準が間違っているとは考えずに、田舎は遅れているとの思いで正当化する。

最近、農作業をしていると横の道を垢抜けした都会人の夫婦が散歩しているのをよく見かける。我が果樹園にもよく人が入っている。年金生活者らしい、毎日が日曜日の移住者が増えていると感じる。一生懸命生きている人は美しいが、ぶらぶらしている人を見かけるのは何か違和感を覚える。農作業中妻と二人、もうあまり変な人に移って来てほしくないねー！　と相槌を打ってお互いはっと顔を見合わせた。自分たち自身がいつの間にか「よそ者」から「田舎ごろ」に変わっていたのである。移住して十数年、人も制度も変わる。納税組合制度も二〇〇四年度、私の代で廃止となる。

❦ふたたび議論百出、言いたい放題の百姓交流芋煮会

さて、わが変人百姓集団は年末に芋煮会をする。会場はコムシャックのいろりを囲んで行うことにし、メインゲストに若手ナンバー1の外科医と精神科医を呼んだ。最近の変人百姓は多忙な人もいて、山形に出張中だの、塾の夜学指導で忙しいだの、マカオに外遊中だの、翌日は東京出張だというピンポイントの空きを見つけ、やっと二〇〇〇年の一二月に開催できた。屋外テラスにはファイバーツリーや高温に弱いデコレーションケーキなどを配し、室内では自称芋百姓たちが芋煮鍋の共食いを始めた。

宴が盛り上がって、ハウスワインも一巡して腹ごしらえにカバシコちまき（うまい！198ページのレシピ参照）にかぶりつくころには、そろそろ午前〇時を回っていた。酔いが醒めてくると百姓集団だから当然農業政策の話に集中する。私が「もしゼロベース予算で農水省予算がゼロ査定だったらどうなるだろう?」と水をぶっかけてみた。農水省の予算なんて一銭もなくてもいいんじゃあないの?! リストラと構造改革が促進されるだけ傷が浅くなるんじゃあないかということになった。超過激発言である。読者のなかには農水省の予算で直接給与を支払われている人も多く、反発を招きやすい発言なので注釈を加える

◉百姓仲間たちとの芋煮会

＊冬の間コムシャックに百姓仲間が集まって情報交換をする。楽しい農業には必須の行事。アイデアを盗み合い、情報を集め、アドバイスをし合う。労働再生産の貴重な時間でもある。材料は自慢の作物を持ち寄ったり、ときには密造酒も出る。

と、我々農家の周りを流れているお金のことである。この場の百姓はみなほとんど依存していない、項目すらも覚えきれないほど山のようにある**ばら撒き補助金**。

我が町にできた育苗センターなどもみなの頭にはあるのだろう。農協が使っていた二〇棟ぐらいビニールハウスを連ねた育苗センターを全部タダで捨てて、別の土地に、そのままでも建てられるのに超大規模な造成工事をして、一見四〇〇〇万円ぐらいの施設を、四億何千万円かで作った。しかも発注は現業部門を持たない団体に、どうぞペーパーマージンを取ってくださいとのしをつけて出し、丸投げさせている。ついでに言えば、この育苗

カバシコちまきのレシピ

材料（4人分）	カバシコ	3カップ
	カワハギ	2〜3枚（または焼豚）
	ゆでたけのこ	小1個
	干し椎茸	4〜5枚
	桜エビ	25グラム
	ネギ、こんにゃく等お好みで	
	サラダ油、ごま油、しょうゆ、塩、こしょう	

カバシコは、水に浸したものをざるにあげておく。

干し椎茸も水でもどしておく。

具はそれぞれ細かく切っておく。

フライパンで具を炒め、味付けをする。

カバシコも別に炒め、しょうゆで味付けをする。

具を混ぜ、小さめのおにぎりにして、ポリラップまたは竹の皮、あるいはトウモロコシの皮で包んでしばり、蒸し器で蒸してできあがり。

炊いたカバシコをすき焼きの後の残り汁で炒めても結構いける。


センターは町が作って農協に何千円も支払いつつ管理委託し、水稲の苗を作るという。それでなくてもコスト意識の希薄な農協職員の辞書からコストの文字を削除するようなものだ。我が町の穀類総生産は年間五〇〇〇万円ぐらい。苗の総需要がかりに四〇〇万円あったとしても篤農家は自家育苗するから、せいぜい兼業か委託耕作の二〇〇万円以下だろう。これじゃあ消却できるわけがない。あ！　消却という言葉も辞書には載っていないのかな?!　おそらくこんなことを日本中でやって農業を食いものにしているんだろう。こんなことが合法なら、いまや農水省にしっぽを振るのは土建業者（Civil Workerとはまさに親父ギャグだ）だけだろう。ここから話はお金とは何かという方向に展開した。

地域通貨の夢

Mさんが解説を始めた。だいたいお金がお金を生み出すというのが問題で、お金を貸すと利息がつくとかいう制度をやめて金本位制に戻せば金（きん）は金（きん）を生み出せない。紙のお金をどんどん印刷して、それを貸し出せば増える。そのうち貸したことにしただけでも増えるようになり、みなが地道にものを作るよりマネーゲームで上達する方が手っ取り早く豊か（普通人社会の古典的概念での豊か）になれるし、**他人の努力をかすめ取る人がスマートに見え始める。**

ヘッジファンドとかいうのが人間も国も駄目にしたんじゃあないかなー？　じゃあ我々に合ったお金はどんなものだろう？　まず持っていても増えない。もちろん貸しても利子はつかない。Kさんが、「昔は百姓が生活苦で耐えられなくなると一揆を起こした。これはある程度定期的に発生し、貸借関係のリセットを伴った」と言い出した。そうかー、富の偏在の是正措置が必要なんだ！　じゃあそのお金は有効期限を二年にして価値を一度消滅させ、再配分することにしよう。通貨単位に「アキュー」はどうだろう？（ACU：Aya Currency Unit, Europe United 共通通貨の当初案を借用した。）するとカバシコちまきを頬張っていたSさんが急に、トラクターを「1カバシコ」で貸してください！「2カバシコ」手伝いに行きますー！　管理機貸してください「0・5カバシコ」ですね！と言いだした。この話題はめちゃめちゃ盛り上がった。まず「カバシコVer.1」を発行し、メンバーで平等に分配する。次に交換可能な「もの」を定義する。たとえば労働、登録した農機のリース、種苗、情報、技術資産、芸術資産等で、労働一単位は個々人の生産性の違いなどは見込まない。普通人社会の通貨や農産物などとは交換できない。効力切れ直前の駆け込み消費を抑制するため月当たり使用量規制を盛り込み、失効後に「カバシコVer.2」を発行して再配分するというような内容である。失効時に一番たくさん持っていた人は、ポトラック・パーティーで芋の食い放題の栄に浴すことも規定されるべきであろう！

「わたし的には有機農業をやりたいんですー！」というような人間関係恐怖症の新人類就農者を巻き込んで、このようなグループ内通貨を作れば労働と機材の弾力的共有化ができて、就農促進にもなり、おもしろいんじゃあないかということになった。誰か日銀法（そんなものがあるかどうかも知らないが）に触れないように立案してくれないか？税務署も見解の相違です！と言って攻めてくるかもしれないし、しっかり穴をふさいで作りたいが、とりあえずボランティアに立候補する者はいなかった。しかしみな女性陣も含めてみなこの「新・結い」制度への参加には前向きだった。

田舎生活の醍醐味、感動の時間

当地には昔から「ゆい（結い）」という慣習がある。自然条件によって左右される農の現場で、助けたり、助けられたりする協力関係の呼び名である。機械化や各種団体、さらには農業関係企業の台頭によって、その必然性とともに激減したが、まだ細々とは個人レベルで続いている。これをふたたび活発に活用する制度の助けに「カバシコ」がなるかもしれない。

明日の農作業が気になり出した午前一時ごろ、みんなで後片づけをし、残りものは芋煮鍋の底の汁まで「ドギーバッグ」ならぬ「農ふバッグ」や「チキンバッグ」として捨てるものはなくキレイになった。車庫の前でみなの車を見送って空を仰ぐと、ファイバーのクリスマスツリーよりさらに輝いて星が降っていた。

農業で成功するために

現在の農村社会での価値観は江戸時代に確立し、それを連綿と引き継いでいる。環境の世紀と言われる二一世紀に入ったいま、その価値観を再検討したらどうだろうか？　私の対比する六項目の考え方は次の通りだ。

一九世紀的な物の考え方	二一世紀的な物の考え方
・朝から晩まで身を粉にして働く	・ゆとりを持って脳を活用
・圃場は隅々まで活用する	・作業機の効率を優先する
・面積当りの収量を最大にする	・時間当たりの生産性を最大にする
・作ったものはお上に差し出す	・市場（マーケット）と直接かかわる

・十年一日のごとく働く	・今日の私は昨日の私と違う
・ものづくり一〇〇％だけに集中	・経営のベストミックス（経営管理四〇：マーケティング四〇：ものづくり二〇）

ここで経営のベスト・ミックス四：四：二は経営マーケティングものづくりに対する重要度、あるいは優先度の配分割合を示す。経営管理や市場とのかかわりをものづくり以上に要求される時代になったし、それができる人だけが成功できる環境に農業が置かれたと思う。それは、鎖国をしていた江戸時代は物流も市場原理も日本国内に閉じていたが、ＷＴＯ時代の現在は食料の純エネルギー自給率がわずか二〇％。日本の農業経済は外に向かって開いた、開放系だからである。

3　営農視察を有効活用する

年間一〇件前後の研修や視察の団体を受け入れている。

個人単位を含めれば二〇件程度になる。もちろん自身も年間最低一五～二〇回の研修視察のために各地各農家に押しかける。自分に課すその際の義務は研修報告書を書くこと。その程度の目的意識と情熱で取組む。もちろん身銭を切って学習する。

この項ではそんな側面と現状に触れる。

お客様には心からサービスをする

営農研修、視察、調査など、呼び方はさまざまだが多様な目的、多様な方々が来る。ありがたいことである。私のような吹けば飛ぶような百姓を頼って来てくださる。私はそのような申し入れを断ったことはないし、来てくださった方々には少しでも満足していただけるようつねに最善を尽くしている。我々が右も左もわからないまま就農して、周りの人たちの親切な指導や援助で曲がりなりにも農業一本で食っていけるようになったことへの感謝の気持ちからのお返しでもある。妻は「うちのような、なんの変哲もない草ぼうぼうの畑と果樹園を見たってしょうがない！ 時間の無駄よ！」と言うが、しかし、いやだからこそちょっとでも付加価値をつけようと努力するし、ときには舌も一枚では足りなくて二枚目三枚目を動員することになる。遠来のお客様を手ぶらでは返せない。舌の二、三枚ぐらい無償提供しようではないか！ 英語でもLip Serviceと言うではないか！と納得している。もちろんなかには宮崎県綾町に観光旅行に行くが、スポンサーと建前の関係で、どこかを見なければならないという「刺身のツマ」的視察もないではない。しかし、私のところは大衆受けしない場所なので、九五％は真面目な研修が多い。デジカメとペンとノートを固く握り締めて身を乗り出してくる人びともいる。今回の団体もそんな人たちではあったが。

宿泊も研修になる

民主導のこの視察団が北九州で企画されたのはその半年前だった。私の観光農園開園時期と重ならなければＯＫという条件で、私は喜んで申し入れを受けた。

会費が二万円近い研修旅行で、目的地は私の圃場とその周辺。綾町へ入ってからの全スケジュールが私に丸投げされた。困った！　宿は五カ所、最上級から最下級まで、一泊二万円台から二千円台までいずれもホームページアドレスをメールに貼りつけて、それをクリックするだけで部屋の写真など設備の状況や料金体系が確認できるようにして送った。そのなかに私の農場から二分のところにある友人夫妻が経営する農家民宿のペンション「きねずみ」(http://www4.ocn.ne.jp/~kinezumi/）を何気なく加えた。一泊一万円近い。定員一一名だから無理だろうけど、もし人数が集まらないときには検討対象にはなるだろうという軽い気持ちだった。しかし彼らはそのペンションを選択してきた。寝袋を持って行きます！　雑魚寝でもいい！　という積極的選択であった。

こんな就農事例もあります

ここでそのペンションを簡単に紹介しておこう。
彼は千葉でイラストレーターをしていた。かなり優秀な芸術家だと思う。私も何度かその才能のおこぼれに与った。彼は私の数年後にここ綾町に来てIターン就農した。ある日、気がついたら畑に丸太小屋が建っていた！　それがいまのペンションである。全部オーナーの手づくりである。彼らは農地法もヘッタクレも知らなかった！　天真爛漫である。綾町はたまげた。すったもんだの末、その土地の農業振興地域認定が解除された。ちなみに以降何人かが二匹目のドジョウを試みたが、すべて解体させられた。自家栽培の小麦でパンを焼き、自家菜園の野菜を調理して出す。結構いける！　彼が料理担当、彼女が農場担当でゴム長に軍手で鍬をふるう。我々の貧弱な常識の逆をいく！　夕食後は彼と彼女の手づくりの人形劇がサービスされる。これが売りである。私も四、五度見たが楽しい癒し系である。今回の視察団には縁がないかもしれない。

綾町にはこんな視察先があります

この団体が研修先として選択したのは、私の圃場以外では友人の最先端花農家、町営家庭生ごみ堆肥工場、これも町営家庭し尿液肥工場と町の有機農業開発センターであった。また困った！　開発センターについては私がつねづね舌を複数枚駆使してこき下ろしているから、私からの訪問依頼を受けてもらえるかどうかわからない！　やむなくセンター長に直接電話を入れた。彼は私より数段人間ができていて、快く受け入れてくれた。ほっとした！　それから六カ月、来訪の日付はじりじりと遅れ、ついに私の観光農園開園期間に入り込んできた。参加農家の作物収穫時期が後ろにずれ込んだためらしい。同時に参加する行政、農協、普及所などは対応可能だったが、農家は作物とお客様が許してくれないらしい。ズルズル遅れて確定したのは七月一九日、私の開園もズルズル遅らせたが、たまらず一六日に開いて四日目！　死ぬー！　という感じだった。妻は「あなたに会いに大切なお客様が見えたらどうするの！　知らない！」とすねるし、夜の懇親会は宮崎・綾スローフード協会のスタッフが集うイベントと重なるし気の重い二日間となった。エーイ、ままよ！　もうこうなったらケセラセラだ！

当日、彼ら彼女らは、その町のマイクロバスで賑やかにやって来た。まず私の観光農園でぶどう狩り、桃狩りをし、農場ツアーと短い質疑応答をし、次いで友人のバイオ農場へ行った。ここでは植物の成長点培養の技術を使って品種改良のサイクルタイムを短くし、新品種特許をたくさん取っている。彼はラナンキュラスという花では日本でナンバー1の農家をめざしており、その水準にある。経営者は折悪しくぎっくり腰だったが、杖をついて詳細な説明をしてくれた。その後町の有機農業開発センターへ行った。「江戸の敵を長崎で」という諺もあるので念のためついていった。開発センター長の説明に参加者から質問がどんどん飛び始めたあたりで私は失礼して観光農園に戻った。

勉強熱心のあまり予定時間に収まらない、でも気を抜く時間も必要です

このあたりからこの視察団は少しずつコースをはずれ出す。開発センターでの質疑応答が長引いて、その日最後の訪問先「綾町の家庭生ごみ堆肥工場」に行けなくなった。夜、私が工場責任者に謝りの電話を入れると、就業時間を過ぎること一時間待ったとのことであった。まあなまじ遅れて行くよりも切り捨ててよかったかもしれない。遅れて行って、むかむかしているときに軟弱な質問をしたら一喝でひねり潰されかねない。彼はなんと握力七五キロという野性的な男だ！

この後、視察団は最初のパンチに見舞われる。一日目のツアーを終えて宿に着いたとき

である。綾町までの長旅の途中、車中で飲食した缶・ビンなどのゴミを袋に詰めてマイクロバスから降ろした。とたん、Ｍｒｓ．きねずみに「うちはゴミ捨て場ではありません！もって来たゴミは持って帰ってください！」と断られてしまった。

夕食はＭｒ．きねずみのフルコースで、私も呼ばれて討論会形式でおこなった。なぜか私がいるときには事件は起きない。九時、討論会が飲み会になったところで私はスローフードの仲間の会場へ、視察団はエンドレスのワインパーティーとなった。第二のパンチ！

夜一二時、ひとりがタバコに火をつける。

Ｍｒｓ．きねずみ「ここは禁煙です！」

視察団「周りに他のお客様が居ないし、我々全員がいいと言うんだから、かまわないでしょう！」

Ｍｒ．きねずみ「そういう問題ではありません！　きねずみは禁煙なんです！」

シラケ鳥が飛び交ってその夜は散会となった。

研修のクライマックスの顛末

朝！　朝採りした桃とぶどうの詰め合わせに出荷伝票を貼っていると電話が入った。朝一番に訪問予定の液肥工場に三〇分ほど遅れますという連絡である。もうそんな時間だ！すぐ工場責任者の携帯に電話を入れ、その旨を伝えた。第三、駄目押しの一撃が視察団を襲ったのはそのすぐ後であった。前夜の飲みすぎと寝不足で何人かがバスの後方で寝ていた。液肥工場の責任者は「杉山さんに頼まれたから、休日出勤して待っていれば、遅れてくるわバスから降りないわ、何事ですか！　失礼でしょう！　みんなバスから降りて話を聞きなさい!!」と首に縄をつけてバスから引き摺り下ろし話を聞かせた。

このとき以降、私は町内をそれまでより五センチは頭を低くして歩いている。北九州方面へのメールも言葉使いをいくぶん丁寧に変えた。

タバコによる「失わなくとも済んだはずの」損失は日本で年間七兆円を上回るという。いままでのような緩やかな対応では許されないところまで来た。

ゴミ問題も肥料袋や農業用ビニール、農薬の空き袋、農業施設資材等など深刻である。

ぶどうや桃も道の駅に出荷するとお客様によってはレジでパックや箱から出してゴミになるものは返品してくる。農業の問題も物見遊山で研修できる現況ではない。あらゆる切り口でもっともっと本質をえぐり出して突っ込んでいかなければ立ち行かない。私もダブルスタンダード、トリプルスタンダードで、あっちにもこっちにもよい顔をして済まそうという姿勢を改めるべきだと、厳しい友人たちが示唆してくれているのかもしれない。このことがあって二カ月半後の一〇月初め、北九州のその町が今度は行政主導の調査団「経営改善会議」なるものを送り込んできた。次いで先の民間主導視察団の旗振り役のひとりは夫婦で遊びに来てくれ、囲炉裏で鍋を囲んだ。嬉しかった！　彼らも先のトリプルパンチを真正面から受け止めてくれたようだ！

農業体験と呼ぶ「おままごと」

ときどき農業体験という集まりを目にする。テレビでもよく放映される。何かちょっと違わないかなー？　と感ずることが多い。みなハイキング気分でやって来て稲を手植えする。一〇人も二〇人も集まって五アールもない田圃を植える。まるで神社の田でする神事である。あんなものが農業だと思われたらちょっと誤解が増える。稲刈りも然りである。みんなで集まって鎌で手刈りする。そんな生産性も効率も時間の制約も何にも感じなくてよい体験は無責任でいられて楽しいかもしれない。しかしそんなものは農業の現状や生き方を反映していない。もう少し消費者も現実を直視する必要があるし、生産者も消費者にへつらいすぎだろう。

毎年カバシコ（香稲：餅性香り米）を一〇アール強作る。水稲だが播種機で畑に直播する。除草を手でするので都合三回、夫婦二人で一五日ほど這いつくばった。一〇月一五日の午前中に刈った。バインダーの調子がよくて、それに除草を例年より丁寧にしていたので、刈るのはひとりでわずか一時間で済んだ。その稲を竿を組み立てて干すのに一時間半。一〇時に始めてお昼には終わった。二日目、干して脱穀にはちょっと早い。明日は晴れだから台風二三号の直前に決断が必要だが、とりあえず目の前のお楽しみを優先、一〇月一七日、日南の飫肥城祭りに太平踊りのパレードを見に行った。「わかば」効果とやらでやたら混雑して、とにかく疲れて夜帰った。テレビを見ると明日の天気が変わった。晴れから雨！　それも今夜には降り出すという。すぐに着替えて車を出し真っ暗闇で手探りで稲を竿からはずし、何回も何回も天井ビニールのあるハウスに運んだ。終わってぐったりとして家に帰ると友人から電話である。「明日急に雨に変わったらしいがどうする?」「うちはいま取り込んだ、ハーベスターが田圃にあるなら、僕ならこれからでもトラックのヘッドライトのもとで、脱穀する」。そう言って時計を見るともうほとんど一〇時だった。彼はもう夜食後の焼酎がたっぷり入っていて脱穀できなかった。その掛干しした稲は翌日の雨に濡れ、その後の台風二三号で泥水のなかに倒れ、台風一過してから起こしたが、いまもびちゃびちゃ。そろそろ発芽して、藁も竿の上で堆肥化しているだろう。ちょっとの油断と判断ミスで、一年の苦労を無に帰すこともまれではない産業である。そのリスクは安く買い叩かれたくないし、ピクニック気分で評価されたくもない。

4 農と自然をとりまく未来は

ビオトープネットワークづくり

就農した年、私は妻と二人で一五五〇時間草と戦った。現在の我が家の一人当たりの年間総労働時間に相当する。翌年は四四〇時間。労働生産性改善の成果である。そして三年目は二五〇時間。北日本に比べ格段に困難な草との戦いを制しつつあった。ある日、ぶらりと宮崎大学農学部の研究室を訪問した。我が観光農園のお客様である。そこで、「いままで治水の合理性を追求して三面コンクリート張りの水路を作ってきた。が、それが自然生態系破壊の元凶になっているとの反省が生まれ、一度作った水路を壊して昔ながらの曲がりくねった小川を作る方向に変わってきた」という話を聞いた。

ドイツなどでは、町と田園をつなぐ草地や水路を切れ目なく編み込んで小動物や虫たちが住み、移動できる環境を作っているというのである。これを「ビオトープネットワーク」という。この考え方には一目惚れした。目からうろことはこのことであろう。「ビビビー」と電気が全身を貫く感じがした。すぐ本を取り寄せて精読し、さっそく私の圃場の周囲でそのネットワーク作りに着手した。各圃場の周りを一・五メートルの草地ベルトで囲み、車道などでそのベルトを遮断しないようにした。草は刈らず伸ばし放題にし、なかを蛇やイタチや虫たちが安心して移動できるようにした。その甲斐あって胸まで立ったその雑草ベルトのなかでキジは卵を抱いているし、小鳥たちははしゃぎながら飛び回るし、楽園状態になった。昨日までは草を叩いて戦っていたのに今日から育てている！　まるでどこかの国がテロ対策と称してやっていることと同じだった。これで「自然生態系」が回復し、作物は虫に食われなくなると期待した。しかし楽園になったのは野生動物たちだけのようで、私にとっては雑草の種は畑に降り注ぐし、畑と外との物流は阻害されて農作業の生産性は落ちるし、草が邪魔して畑に近づくこともままならない。あまつさえ「ビオトープ」の内側に作った野菜は相変わらず穴だらけだった。事ここにいたっていかな鈍感な「ドンキホーテ」もやっとわかった。全人類が何百年もかけて破壊し続けた生態系は個人が二〜三年、一〇〇アールぐらいの土地でじたばたしてもなんら変わらないものだと納得した。「忌避植物」も「防虫トンネル」も「ビオトープ」も所詮箱庭的ソリューションにすぎなかった。

この問題はもちろんこれで終わりではない。百姓は毎日、毎年チャレンジの連続で、そのチャレンジの数だけ失敗と反省がある。それだけ奥深く、悲しくもあり、楽しくもある。私は専業農家だが、認定農業者でもないし、JASの認証も取っていない。だから、それだけ公的評価は低いかもしれない。が、なるべく農薬を減らしていきたいというテーマへの自分なりの方向付けは、

一．適地適季栽培
二．虫や病気に侵されづらい品種の選択（最近の流行品種を無視する）
三．歩留まり低下をそのまま天与として受け入れる
四．その作物に生活は預けない

の四点に絞られつつある。この四点はものづくりの側面だけで論じている。「百姓」が自然のなかで生きるということは、いやむしろ「ひと」と言い直したい、さらに二つの面にも触れたい。そのひとつは憲法二五条でも保障された「健康で文化的な最低限度の生活」

水準を維持するためには、百姓は最低二〇人分の食料を生産しなければならないということである。エンゲル係数一〇%、農業生産の原価率が五〇%とするとそうなる！（農産物の小売価格に対する農家の手取りを三五%としたり原価率を設備償却後で議論すると、その二〇人が六〇人や一〇〇人になるが、ここはモデルの議論だから、こだわらない）

さもなくば「原始的で不健康な生活」を受け入れなければならない。それゆえに、それだけの生産性を維持できる方法で栽培しなければならないわけで、ひとり百姓にだけ憲法二五条の権利を放棄するように要求されているように感じることがあるのは、私の被害妄想か？　もうひとつ現在の行政システムのもとでは、百姓はたとえ自給自足しようが、自分が存在するだけで高額のコストがかかる。家族人数分の国民年金や介護保険などのお金を稼がなければ生きられない。その傾向が我々をして自然のなかに溶け込むのではなく、自然を自分のほうに引き寄せようと無理をさせてしまう。

こんな時代だからこそ、都会から離れているというかけがえのないメリットを見直してはどうだろうか？　ほとんど人が乗らないフル規格の新幹線も、狸や鹿が飛び出しますというビックリマーク標識の林立する高速道路もいらない。そうすれば「テポドン」にふるえることもない、テロリストに爆弾を仕掛けられる可能性もゼロパーセントになり、それらに備える費用負担も不要になる。さすれば、自然の懐に抱かれて、限りなくリビングコストゼロの行政システムが可能になるのではないか？　人がビオトープを管理するのではなく、ビオトープの一部になれるだろう。そうありたい。

遺伝子組み換えになぜ反対するのか

一．安全か否かの議論はまったく無意味だと思う。現在の情報では議論できない。
二．まず安全な技術というものは世の中にないと言ってもよい。
三．研究者は、
　A．自分にとって興味のあるテーマか？
　B．研究費を集められるか？
　C．自分のキャリアにプラスになるか？
でテーマを決める。本当に人類にプラスか？　とか、人類に危険はないか？などと考えているのだろうか。

四．マンハッタン計画に参加した科学者たちも後で後悔して核兵器に反対している。

五．科学者は安全！　安全！と言ったけど、チェルノブイリもスリーマイルのチャイナシンドロームも起きた。

六．だいたい科学者の言う安全は信ずるべきではないと思っている。軍事力をシビリアンコントロールしなければいけないように、この種研究テーマもシビリアンコントロールすべきと思っている。

私はすべての遺伝子組み換えに反対だ。人間の自我の拡大のために生態系を目茶目茶にするのに反対です。一〇〇億人の人間を養わなければならないとか医療目的ならいいでしょうとか、人間の命は地球より重いとか……私はそうは思わない。人間がいままで自分のエゴを通すためにほかの生命や生態系を破壊してきた。しかし人間はそのときがきたら死をも自然の摂理として甘んじて受け入れるべきだと思うからだ。いま車社会に依存して危険を受け入れているではないか！　との指摘もあるかもしれない。そう、危険の程度の議論にすり替えられるのを恐れている。しかし、私の直感が、産業革命のもたらした危険より、いまからでも後戻りすべきと信ずる核エネルギーへの依存よりも遺伝子組み換えは後戻りできない潜在的危険を包含している、と警告している。

　遺伝子組み換えに賛成する人のより所は、「メーカーや政府の機関が安全性を検証して許可したから安全なはずだ」というものだと思う。しかし、その組み換えが二〇年後の生態系に、または種のＤＮＡ配列に不可逆な影響を与える可能性については現在予測ができない。

　とりあえず、日本は輸出立国だし、ＷＴＯに依存しているからとにかく反論できなければ承認してしまえ、というのがストーリーだと思う。

遺伝子組み換えの影響は、カオス的、つまりよくわからない

　なぜなら、遺伝子組み換えの環境や生態系への影響はきわめて難しく、現在の技術では解明して安全だと証明することは不可能だと思うからだ。多くの生態系の相互作用や、ＤＮＡエレメントの拡散伝播は「カオス的ダイナミズムの多体問題」で、現在の技術ではその写像を解くことはできません。したがって、賛成派のより所は「膨大な実験で安全を確認したから大丈夫」というものだと思うが、それも間違いだ。カオスのダイナミズムは

「初期値に対する鋭敏な依存性」というのがあって、たとえ初期には九九・九九九九九九九九％、すなわちテンナインの信頼度で大丈夫でも、時間が経つとその〇・〇〇〇〇〇〇一％が結果を支配するほど重大な影響を及ぼすようになるものだからだ。これを専門家は「バタフライ効果」と呼んでいる。家の庭で蝶が一匹パタパタと飛んだ影響で何カ月後かの台風の進路が変わるということをもじった比喩的言い回しだ（気象がカオス的振る舞いだとはまだ証明されていないが、この比喩だけは広まっている）。したがって、どれだけの実験を積み重ねても蝶がパタパタした数日後に来るべき台風の進路が変わることなどわかろうか。たとえ台風の進路が変わるまで待てたとしても、それがあの一匹の蝶のパタパタのせいだとわかるようになるには後一世紀余りを要すると思う。

かりに二〇年後に何かおかしいとわかったとしてもそのときは許可された遺伝子組み換え作物、生物が何百匹もパタパタしていて、「初期値に対する鋭敏な依存性」が何百も相乗作用を与え合ってしまってはもはや永久にわからなくなる。

人類を新たな雪崩に巻き込むのはやめましょう

現在、すでにアトピーの問題や、病院内感染を繰り返す、どんな抗生物質も効かない細菌の蔓延や、地球規模で爆発するエイズ感染などは、結果だけはわかるが原因はあまりにも多い「鋭敏な依存性の相乗効果」によって解明することが不可能になっている。我々には次の世代に現状のままのＤＮＡセットの生態系を引き渡す義務がある。

遺伝子組み換えの安全性評価が可能という甘い期待は捨てましょう！

晴耕雨読総括――天国から極楽をめざす

週休四日相当の労働時間も達成し、晴耕雨読と言ってもはばからぬ百姓生活を実現した。それなのに移住者が集まって芋煮会を開くと、田舎のあそこが遅れている、ここが時代遅れだという話題に花が咲く。サラリーマンのノミニュケーションで、アルコールが回るほどにそこにいない上司や同僚が俎上に載せられるのと同じである。

あるとき、野菜の先生のＮさんが同席していてぽつりと言ったことがあった。「田舎は都会に比べたら不便なことも多いし、古い習慣も残っていて時代遅れなことも多いだろう。でも空気が綺麗で水が美味しくて人が優しいなどよいところもたくさんあるでしょう。そんないろいろな点をみな足し合わせて考えてみてくれないか?」

これを言われて我々ははっと気がついた。それは比べるべくもない。満員電車の通勤地獄ひとつを取っても、街の喧騒と車の渋滞、排気ガスによる健康障害、緑のまったくないコンクリートで囲まれたよどんだ空間。そのどれひとつを取っても、ここの田園生活は天国だよ!　空が透き通っていて、夜は星が降るような快適な空間にいて我々はそれ以上の何を望んだんだろう? そうだ、きっと天国にいながら極楽に行きたいと言っていたんだ。天国が上だか極楽が上だか知らないが、所詮世の中にここ以上の場所と生活はないのに、ないものねだりをしていただけだろう。何も要求することのない環境なんて無味乾燥な砂漠のようなところだろう。数少ない時代遅れなどは生活に潤いを与える貴重な刺激なのかもしれない。そう、「満足を知らない人は永久に幸せにはなれない」という言葉を思い出そう。

葡萄園スギヤマ施設配置図
第3果樹園
第2果樹園
第1駐車場
母屋
アネックス
敷地境界線
第2ぶどう園
第1ぶどう園
第1果樹園
観光農園直売所
コムシャック
育苗ハウス
農機具倉庫

あとがきに代えて――妻にとっての就農

杉山いわこ

「東京でのサラリーマン生活は命がもたない。また、とても住めるところでもない」と夫は某半導体メーカーの管理職を投げうって、かねてより夫がなりたかったという百姓の道に入った。

私たち夫婦と息子ひとり（当時小学六年生）、三人の新しい生活が始まった。

夫は大学卒業後、二八年間の会社勤めで、農業は初めての経験。もちろん、都会育ちの私も同じ。ペンより重いものを持ったことがない者が鍬を持ち鎌を使い、土まみれになって働くのであるから最初の一年は無我夢中であった。

毎日毎日、晴耕雨耕で働き、一年のうち六〇〇〇時間以上を畑仕事で費やした。

これから一生を暮らしていくところは温暖なところがよいという希望で最終的に宮崎に

決定し、県庁の方々を始め農協職員の方、現町長（当時農協長）など多くのみなさんのご協力と援助で就農にこぎ着けた。農民になるための最低必要農地五反歩を購入、最低限必要な農機具管理機一台、動噴一台、鍬二丁、鎌二丁でスタートした。開始年度は無収入であるため、二年分の生活費は確保しておいた（しかし、ありがたいことに初年度から果樹園での収穫や野菜の収穫でいくらかの収入を得ることはできた）。

トラックなし、トラクターもなしでの出発。私たちが持っていったおんぼろ自家用車（ハイエース）の後部座席をすべて取りはずし、それをトラック代わりに使い、草、肥料、農器具、はたまた堆肥まで積んで運んだ。三年目に中古の軽トラックを購入したが、このハイエースはその後も動かなくなるまで走り続けじつによく働いてくれた。

家は農協の方のお世話で一〇年間空き家だった古い農家を借りることになった。昔ながらの農家でお風呂とトイレは母屋の外で庭の向こうにあり、雨の日は濡れながらお風呂に入りに行くのである。もちろんトイレも毎回庭を横切って行くことになる。また、家の中は火をたけるように天井がなく、その隙間から青空が見えた。しかし農業をする者としては美しい町営の団地住まいよりもこの古ぼけた農家住宅は勝手がよかった。

地区の人びとは当初から親切で、ハウスビニール掛けのやり方から、雑草の取り方まで、また風習や習慣、方言にいたるまであらゆることを指導してくれた。宮崎人は楽天的で、世話好き、ことのほか親切で、少々お節介焼きかもしれないが、我々にとっては大変ありがたく、いろいろと教えを乞うている。

就農して二年目の夏、最大瞬間風速四〇メートル級の台風の襲来を受けた。夏場はハウスにビニールをかけているため、夜も寝ずの見回りをし、バンドを締め直したり、ビニールの穴を塞いだりした。暴風雨のなか、二人で懸命にハウスを守ったが風が、強すぎるためハウスがもちそうにないのでハウスバンドを切りビニールをはずそうと決心した時「バンドを切るのはちょっと待ちなさい」と自分のハウスの仕事もそこそこに応援にきてくれた隣人が真っ暗闇のハウスの上に登り、風でずり上がったビニールを必死になって引き戻してくれた。おかげでビニールを剥さなくてもどうにか済んだ。ビニールを剥ぐということは一年かけて丹精した果実が全滅するということでもある（水分を過剰に吸収して果実が割れ、商品価値がなくなるのである）。助かった！　本当に有りがたかった。

近所の人たちから、夜も寝ずに頑張ってやっているのだろうと朝、ハウスにおにぎりがあちこちから届く。こちらから頼んだわけでもないのになんと親切な人たちだろうと涙ながらにおにぎりを頬ばった。

私たちが今日あるのも、地区の人びとの助けによるところが大きい。しかし、一生懸命の姿勢が、認めてもらえたという自負もある。土をいじったこともなく、虫を見るのも怖い、陽に焼けるのもイヤと言っていた私がいまは堆肥にまみれ、害虫と戦い真っ黒くなりながら、収穫の「時」を楽しみに農作業をしている。

息子も都会から田舎の学校に転校したため、最初はいじけていたが一週間もしたら宮崎弁（綾弁）を喋り出した。子どもの順応の早さには驚かされた。我々は方言を理解するのに何年もかかったし、いまはほとんど通じるが、まだ宮崎弁を喋るところまでには到達していない。

その息子も大学進学と同時に家を離れ、いまは私たち夫婦と二代目の猫、デルタとガンマとの生活になった。

就農して五年目には、ぶどう園六〇アール、桃園八アール、自家用畑一五アール、借地では単幌ハウス四棟一三アール、露地野菜畑四〇アールの晴耕雨耕で励んでいたが、現在は果樹と穀物にしぼり、観光農園主体になっている。

観光農園では多くの人びととの出会いがあり、そのなかには感動的な出会いもあり、人とのつながり、人間の温かさ、出会いの素晴らしさを身をもって感じている。

現在、夫はシーズンオフには月一、二回の講演活動を続け、また地域でのいくつかの役員をこなしながら相変わらずのマイペースで農作業に励んでいる。私も仕事のかたわらボランティア活動ができる余裕の日々となった。

宮崎市から西へ二〇キロ、車で約三〇分、清流と緑の照葉樹林に囲まれた美しい町、綾町。綾に移住する前に綾を初めて訪問して帰宅した夫の第一声は「綾は世界一美しい町だよ」であった。この言葉のなかに私たちの未来があるような気がした。

人口七五〇〇人余り、世帯数約二八〇〇のこの小さな田舎町で、時として厳しい「強風」の洗礼を受けながらも自然の恵みに感謝しつつ、夫婦で働くことのできる素晴らしさ、都会生活では経験し得なかった多くのことを日々学びながら、余裕の田舎ライフを楽しんでいる。

おわりに

半導体の世界でビジネスマンとして十分人生を楽しんだ後、幸いなるかな、日本経済のバブルが弾ける直前に、五〇歳で就農した。国際ビジネスの高ストレス社会から田舎のお百姓さんへ、心因性の病による死亡率ほぼゼロパーセントの世界に来た。

一日も農業研修することなくある日突然、お百姓さんになったのだから当然、たくさんの人びとの親切、助けに甘えての転職である。当時、綾農協長で現町長の前田さんと奥様、就農当時農協で窓口になってくださった西さんや大隈さんが心からの援助をしてくれた。お百姓さんでは宮崎県川南町の三好さんが就農時の先生として方向付けをしてくださり、綾町のお百姓さんでは吉野さんや長池さんさらに井上さんがたくさんの農業機械を貸してくださり、農業技術から地元の習慣まで親切に指導してくださった。県の職員では真鍋さんや橋田さんが仲介の労をとってくれた。その他たくさんの方々の愛情に支えられて、ここ宮崎県綾町でひとり前の専業農家、お百姓さんになれた。

就農二年目、畑でニンジンを収穫しているとき、横の道を当時農林水産省の消費技術センターに勤務していた鈴木厚正さんが通りかかって立ち話をした。「お百姓さんになるときに、国際穀物市場に生活を委ねるのが危険だから畜産はしないことに決めた。油を炊いて生育を促進する加温栽培は、お金になっても地球に優しくないからしない方針。農水省の米政策がボロボロだから米も作らないことに決めて就農した。」というような話しをしたと思う。一九九二年のことである。田舎に埋没した私にとっては宝物のように貴重な「食と農」の最新情報を厚正さんは以後、毎月何年間にもわたって送り続けてくださった。ある時このご恩に報いることができるとしたら、厚正さんのミニコミ誌に私の雑文を書くぐらいかなー？　とつぶやいたことがあった。以来ときどき彼の食と農に関するミニコミ誌『雑報縄文』に農民が見た生活を書いてきた。その雑文が縄文に掲載されるとそれを自分のホームページに転載して公開していた。

築地書館の土井二郎氏がそれを読んで本にしましょうと助言してくださり、私の手に余る作業の助けに編集部の稲葉さんを指名し、この本が世に出ることになった。

口だけは勇ましいが農業の世の中などまるで見えていない井の中の蛙の呟きで、誤解も多いかもしれない。読者諸兄諸姉の御批判をいただけたら幸せです。

あわせて現在ある我々とその生活を支えてくださった皆様、その結果として本書の出版を支援してくださった方々に心よりの感謝の意をささげます。ありがとうございました。

とにかく私も妻も「百姓で幸せー！」です。農夫・農婦の生活を楽しんでいます。

宮崎県綾町葡萄園スギヤマにて

巻末付録——就農の軌跡「これが農業一本で食べていく道！」

就農する前に作成した営農計画のシュミレーション結果

就農する前に、私は農協から町内世帯の生活費や全作物の**栽培費用などのデーター**をもらえた。そして、そのデータをパソコンに入れて営農計画のシュミレーションを行った。

私のシュミレーションの結果をここに公開しよう（237ページ参照）。

一年間に夫婦二人で三〇四五時間働き、六五〇万円の祖収入で変動経費一四九万二千円、減価償却費など固定費は百万円強で所得は約四〇〇万円となる。一時間当たり一三〇三円で働いたことになり、親子三人の生活費は年間借家賃を含め二〇〇万円なので、楽に暮らせることがわかった。

住まいは**家賃二万円**で借りた農家。家の回りには菜園があり、ほかに柿、日向夏蜜柑、びわ、ざくろなどたくさんの果樹があった。家の回りやぶどう園の前にはお茶が植えてあったので、八八夜にはお茶摘みをして妻と二人で初めての釜煎り茶づくり。一斗五升ぐらい、飲みきれないほどでき

1年目の収支

作　物		作付け面積（アール）	粗収入（万円）	農業経費（万円）
1	ぶどう	40	170	130
2	キンカン	20	7	15
3	加工用甘藷	20	10	8
4	白菜	10	40	20
5	キャベツ	10	40	20
6	アスパラガス他		3	2
合　計		100	270	195

る。**鶏小屋**も作って一羽もらったちゃぼの雌に卵を抱かせては孵化させるという方法で増やした。翌年には卵は自家消費しきれないほどになり、販売もしたが、増えすぎた雄を自給蛋白源としてつぶしたが、この自給的養鶏は経営的には挫折した。

とにかく初めの年は田舎暮らしに託した叶えられる夢は何でも試した。販売も町の手作り本物センター、水曜朝市、農協の直売センター、農協経由の市場、道路端の無人販売から直売まで、何でも活用してアスパラガス一束から、里芋一袋まで売った。

しかし、初年度の農業経営は農作業というものに不慣れすぎたため作業手順のまずさや作業のやり直し等などの原因でシミュレーション結果をそのまま実行できなかった。

もっとも大きく外れたのは作業時間のうちの**除草**で、農協のデーターにはこの時間が含まれていなかった。加えて綾町は有機農業の町ということで、除草剤を使うことを極端に嫌うため多くの場合、草は手で引かなければならず、雑草との付き合い初心者ということもあり、初年度総除草時間一四〇〇時間、二年目四四〇時間となった。

もう一つ大きくシミュレーションから外れたのは**農協を通しての販売価格**で、これにより粗収入は大きく落ち込んだ。

しかし、初年度はまずお百姓さんになることが第一目標だったので、それは達成した。初年度の収支は表に示した。ともあれ就農初年度には農業経費をまかなうことが出来、二年目は農業経費プラス生活費を稼ぎだし、三年目にはちょっぴりだが税金も払うことができたのだ。

初期栽培計画案（単位：面積；アール、金額；千円、労働時間；時間）

項目	無加温ブドウ	露地金柑	トンネルスイートコーン	ニンジン	大豆	畝間ハウスアスパラ	合計
栽培面積	34	24	30	20	10	34	152
粗収入	4080	1200	585	352	64	255	6536
経営費 変動費 種苗費	0	0	30	9	3	0	41
経営費 変動費 肥料費	78	55	109	42	2	34	321
経営費 変動費 農薬費	71	55	0	0	3	7	136
経営費 変動費 動力燃料	18	10	6	4	1	3	43
経営費 変動費 暖房燃料	0	0	0	0	0	0	0
経営費 変動費 他の資材	610	48	129	1	1	3	794
経営費 変動費 賃料料金	0	0	66	44	26	0	136
経営費 変動費 その他	11	8	0	0	0	3	22
経営費 変動費 小計	788	176	341	100	36	51	1492
経営費 固定 減価償却 建物	19	14	7	5	2	7	54
経営費 固定 減価償却 施設	477	0	0	0	0	27	505
経営費 固定 減価償却 農機具	77	54	33	20	11	10	205
経営費 固定 減価償却 大植物	114	43	0	0	0	0	157
経営費 固定 修繕 建施設	44	50	5	3	2	3	107
経営費 固定 修繕 農機具	8	6	5	3	2	3	26
経営費 固定 他共通費	0	0	10	6	0	7	23
経営費 固定 小計	739	167	59	37	16	58	1076
経営費合計	1527	343	399	137	53	109	2568
販売 経費	0	0	0	0	0	0	0
所得	2553	857	186	215	11	146	3968
所得率	63%	71%	32%	61%	17%	57%	61%
所要時間 一月	34	103	72	0	0	0	209
所要時間 二月	99	43	57	0	0	7	206
所要時間 三月	163	77	36	0	0	27	303
所要時間 四月	282	41	72	0	0	41	436
所要時間 五月	286	41	132	0	0	14	472
所要時間 六月	109	50	24	0	0	0	183
所要時間 七月	173	53	0	0	7	3	237
所要時間 八月	204	48	0	24	4	7	287
所要時間 九月	3	12	0	64	4	3	87
所要時間 十月	0	89	0	76	0	0	165
所要時間 十一月	7	127	24	96	7	7	268
所要時間 十二月	0	187	0	0	6	0	193
所要時間 総労働時間	1360	871	417	260	28	109	3045
賃率（円／時間）	1877	984	445	827	391	1344	1303

杉山農園の年表

一九九〇年

宮崎県綾町にて就農　二月
アスパラガス初出荷　三月
ぶどう初出荷　七月
キンカン初出荷　一二月
白菜キャベツ好調　一二月

一九九一年

加工用甘藷栽培二年目　三月
人参栽培、播種　三月
観光ぶどう園開園　七月
ぶどう直販で完売　八月
アスパラガスから撤退　九月

竹づくりのぶどう直売所

野菜ハウス四棟建設　一〇月

一九九二年

白菜四〇〇〇株廃棄　一月

金柑樹掘り栽培から撤退　四月

第二ぶどう園建設育成着手　一〇月

一九九三年

ぶどう園清耕から草生栽培に転換　三月

記録的大雨でぶどう園水没　七月

超怒級台風で直売所ハウス全壊　九月

ラナンキュラス栽培　一二月

超弱剪定導入着手　一二月

生き残りから安定農業へ　一二月

ぶどうの摘果

一九九四年

新農家住宅建設着手　一月

第一果樹園育成開始　三月

ぶどう直売最短記録八月一五日完売　八月

一九九五年

第二ぶどう園成園観光開園　八月

第一ぶどう園バンドレスに改造工事　一一月

全てのフィルムを非塩素系に転換　一二月

一九九六年

穀物栽培に着手　九月

野菜ハウス四棟解体撤退　一〇月

ジャムの量産試作

一九九七年

花各地市場出荷　二月
JAの野菜契約栽培から撤退　五月
ジャム量産試作　七月
観光もも園開園　七月
第二果樹園育成開始　一〇月
電動石臼導入　一二月

一九九八年

ジャム発売　七月
323ガイドライン（生産性・収益性・総労働時間目標）達成　一二月
安定農業から楽しい農業へ　一二月

一九九九年

ホームページ作成　二月

麦の収穫

地下室建設着工　二月

コムシャック（交流施設）建設着工　一〇月

二〇〇〇年

サトウキビ試作　二月

餅小麦試作　一一月

二〇〇一年

日本蜜蜂の養蜂にチャレンジ　四月

第一ぶどう園半分マンソンから平棚に改造　一一月

二〇〇二年

窒素管理、葉色チャートから葉緑素計に移行　四月

第一ぶどう園マンソン棚から完全撤退　一一月

キャベツの収穫

二〇〇三年

落雷通信設備全壊　七月
通信、電気地下埋設、環境工事　一〇月

二〇〇四年

モニュメント更新、セキュリティー工事　一月
すもも発売　七月
太陽光発電開始　八月
第一ぶどう園根域制限栽培から完全撤退　九月

参考書リスト

就農について

『原色雑草の診断』草薙得一・皆川健次郎（農文協）一九九〇年
『藁Ｉ』宮崎清（法政大学出版局）一九八六年
『藁Ⅱ』宮崎清（法政大学出版局）一九八六年
『無Ⅲ　自然農法』福岡正信（春秋社）一九八九年
『ぼくらは中年開拓団』歌野敬（連合出版）一九八九年
『田舎暮らしを実現する本』朝日新聞社（朝日新聞社）一九九四年
『百姓天国　春です。大地に種を蒔こう。』地球百姓ネットワーク（富民協会）一九九七年
『脱サラ帰農者たち　わが田園オデッセイ』田澤拓也（文藝春秋）二〇〇一年
『大地への夢　都会っ子農業に挑む』木之内均（ザナドゥ）二〇〇三年
『田舎で起業！』田中淳夫（平凡社）二〇〇四年

農業について

『土・肥料（文部省検定済教科書）』原田登五郎・山根一郎（農文協）一九八〇年
『現代農法百科』武川満夫・武川政江（富民協会）一九八〇年

『ニンジンのつくり方』小川勉・川城英夫・加藤楠候・佐藤忠弘（農文協）一九八四年
『野菜の病害虫及び防除法』堀正侃・飯島鼎（博友社）一九八五年
『スイートコーンのつくり方』戸沢英男（農文協）一九八五年
『田畑の微生物たち　その働きを知る』渡辺巌（農文協）一九八六年
『施肥の基礎と応用』長谷川杢治（農文協）一九八七年
『作物の根　その生活史を探る』アーサー・トラウトン　広田秀憲訳（学会出版センター）一九八七年
『接ぎ木のすべて』町田英夫（誠文堂新光社）一九八八年
『遠赤外線とNMR法』松下和弘・微弱エネルギー研究会編（人間と歴史社）一九八九年
『農薬を使わない野菜づくり』徳野雅仁（JICC出版局）一九八九年
『宮崎の果実酒』長友大（鉱脈社）一九九〇年
『趣味の酒つくり』笹野好太郎（農文協）一九九〇年
『粘土農法』小林寶治（農文協）一九九〇年
『クミアイ農薬総覧』全農（全国農村教育協会）一九九一年
『風と光合成　葉面境界層と植物の環境対応』矢吹萬壽（農文協）一九九二年
『無農薬・旬のやさいづくり　つくりやすい野菜と品種』井原豊（学研）一九九三年
『花木・庭木・果樹』船越亮二（学研）一九九四年
『ビオトープネットワーク　都市・農村・自然の新秩序』日本生態系保護協会（ぎょうせい）一九九四年

『食と体のエコロジー』島田彰夫（農文協）一九九五年
『手作りの蕎麦・うどん』藤村和夫（雄鶏社）一九九七年
『間違いだらけの有機農法』中嶋常允（文理書院）一九九九年
『ニホンミツバチの飼育法と生態』吉田忠晴（玉川大学出版部）二〇〇〇年
『ムギの絵本』よしだひさし（農文協）二〇〇〇年
『病害虫・雑草防除等指導指針』宮崎県監修・宮崎県植物防疫協会（宮崎県農政水産部）二〇〇〇年
『二〇〇万都市が有機野菜で自給できるわけ』吉田太郎（築地書館）二〇〇四年

果樹について

『ブドウ・巨峰の発育診断』恒屋棟介（博友社）一九八〇年
『ブドウ・巨峰辞典』恒屋棟介（博友社）一九八五年
『ミカン栽培の基礎』村松久雄（農文協）一九八六年
『モモ栽培の実際』吉田賢児（農文協）一九八六年
『フルーツのはなしI』山口昭（技報堂出版）一九八六年
『病害虫百科五　モモ・ウメ・スモモ・アンズ』農文協編（農文協）一九八七年
『病害虫百科三ブドウ・クリ・ビワ』農文協編（農文協）一九八七年
『ブドウの作業便利帳』高橋国昭（農文協）一九九〇年

『果樹栽培指針』岡山県特産果実振興対策推進本部（岡山県）一九九二年
『四倍体ブドウをつくりこなす』鈴木英夫（農文協）一九九三年
『成らせながら樹形をつくる　最新　果樹の剪定』農文協編（農文協）二〇〇二年

環境について

『ブリンジーヌガク　食うものをくれ』コリン・ターンブル　幾野宏訳（筑摩書房）一九七四年
『病める食糧超大国アメリカ』マーク・クレーマー　逸見謙三監訳（家の光協会）一九八一年
『エントロピーの法則Ⅱ　二一世紀文明の生存原理』ジェレミー・リフキン　竹内均（祥伝社）一九八六年
『ソフト・エネルギー・パス永続的平和への道』エイモリー・ロビンズ　室田秦弘・槌屋治紀訳（時事通信社）一九八七年
『エントロピーの法則　二一世紀文明観の基礎』ジェレミー・リフキン　竹内均（祥伝社）一九八九年
『もの食う人びと』辺見庸（共同通信社）一九九四年
『曖昧の生態学』川那部浩哉（農文協）一九九六年
『砂漠のキャデラック　アメリカの水資源開発』マーク・ライスナー　片岡夏実訳（築地書館）一九九九年
『水不足が世界を脅かす』サンドラ・ポステル　福岡克也監訳環境文化創造研究所訳（家の光協会）二〇〇〇年
『エコ・エコノミー「環境としての」人間と経済』レスター・ブラウン　監訳福岡克也・訳北濃秋子（家の光協会）二〇〇二年
『ディープ・エコロジー　生き方から考える環境の思想』アラン・ドレグソン　井上有一監訳（昭和堂）二〇〇二年

経営のために

『意思決定の構造』D・W・ミラー・M・K・スター　徳永豊・稲川和男共訳（同文館）一九七五年
『ゼロベース・マネジメント　経営効率化のための革命的手法』P・A・ピアー　中村芳夫訳（ダイヤモンド社）一九七七年
『Manegement of Organizational Behavior』Paul Hersey & Kenneth H. Blanchard（Prentice-Hall, Inc.）一九七七年
『ゼロ・サム社会』レスター・C　・サロー　岸本重陳訳（TBSブリタニカ）一九八一年
『欲望と消費』スチュアート&エリザベス・イーウェン　小沢瑞穂訳（晶文社）一九八八年
『日米逆転』C・V・プレストウィッツJr.　國弘正雄訳（ダイヤモンド社）一九八八年
『身土不二を考える』島田彰夫（無明舎出版）一九九三年
『OECDレポート・環境と農業』嘉田良平監修　農林水産省国際部監訳（農文協）一九九四年
『ドイツにおける農業と環境』アロイス　ハイセンフーバー他　四方・谷口・飯国訳（農文協）一九九六年
『資本主義の未来』レスター・C・サロー　山岡洋一・仁平和夫訳（TBSブリタニカ）一九九七年
『ISO崩壊』山田明歩（築地書館）二〇〇三年
『WTO時代の食料・農業問題』梶井功（家の光協会）二〇〇三年
『問題はグローバル化ではないのだよ、愚か者』J・F・リシャール　吉田利子訳（草思社）二〇〇三年

コンピューターを使いこなす

『パーキンソンの法則』C・N・パーキンソン　森永晴彦訳（至誠堂）一九八一年

『日本の挑戦　第五世代コンピューター』エドワード・ファイゲンバウム　パメラ・マコーダック（TBSブリタニカ）一九八三年
『他人の一歩先を読む　シミュレーションの法則』斉藤嘉博（第一企画出版）一九八三年
『ゲーデル、エッシャー、バッハ　あるいは不思議の環』ダグラス・R・ホフスタッター　野崎昭弘・柳瀬尚紀他訳（白揚社）一九八五年
『クォークとジャガー　たゆみなく進化する複雑系』マレイ・ゲルマン　野本陽代訳（草思社）一九九七年

その他

『偏見の生態学』川那部浩哉（農文協）一九八七年
『逸脱の社会学』清水賢二・岩永雅也（放送大学教育振興会）一九九六年
『カオスの数理と技術』合原一幸（放送大学教育振興会）一九九七年
『結いの心　綾の町づくりはなぜ成功したか』郷田實（ビジネス社）一九九八年
『聞き書　宮崎の食事』日本の食生活全集　宮崎　編集委員会（農文協）一九九九年
『ベジタリアン宮沢賢治　イーハトーボの食卓から』鶴田静（晶文社）一九九九年
『THE WORLD ALMANAC AND BOOK OF FACTS』WORLD ALMANAC（WORLD ALMANAC）二〇〇〇年

杉山経昌
すぎやまつねまさ

1938年(昭和13年)、東京都に生まれる。

5歳のときに疎開して千葉県で成長し、千葉大学文理学部化学科を卒業。

通信機器メーカーと半導体メーカーを経験したのち、宮崎県綾町で農業を始める。

サラリーマン時代は左手にコンピューター、右手に経営書を常に携えた経験を十分に生かし、
現在、果樹100アール、畑作30アールの専業農家。

趣味
読書、ヘボ囲碁(自称5級)、ヘボ将棋(自称梯子段)、ソルティア、パソコンによるデータ解析、パソコン通信、お茶(裏)、成人映画鑑賞、水泳、サイクリング、山歩き、スキューバダイビング(写真派)、素潜り、踊り、百姓、コントラクトブリッジ(日本で377番目のライフマスター)、ジャズ鑑賞、突飛なことをして人を驚かすこと(たとえば農作業中畑の横を通る車に大げさに手を振ったりする)、データを取ること(たとえば畑の横を通る車に大げさに手を振ったとき何%の車が手を振って応答するか統計を取ったりする)、麻雀、着物を着ること、写真、散歩、ぼーとして白昼夢を見ること、
趣味をたくさんあげつらうこと。

家族
夫婦と猫のγとδ(ガンマーとデルタ)の４人家族。

自慢
1　私の作るぶどう。
2　就農4年目で1000坪の敷地に建てた農家住宅。
リモコンゲート付きの車庫。どこの圃場で農作業中でも無線で受信できるよう、電子式宅内交換機経由で接続された７台の内線電話と2台のインターフォンとFAX、コンピューターモデムなど。

食品加工室からコンピュータールームまでフル装備でコストは都会のマンションの1/4!

家の庭には22種44本の果樹が年間を通じて実をつけている。

これだからお百姓さんはやめられません!

農で起業する!
脱サラ農業のススメ

2005年2月15日　初版発行
2008年9月15日　21刷発行

著者　杉山経昌
発行者　土井二郎
発行所　築地書館株式会社
〒104-0045　東京都中央区築地7-4-4-201
☎03-3542-3731　FAX03-3541-5799
http://www.tsukiji-shokan.co.jp/
振替00110-5-19057
印刷・製本　株式会社シナノ
装幀　今東淳雄(maro design)
 ISBN 978-4-8067-1301-2 C0061